高等职业教育航空类专业系列教材
中国特色高水平高职学校建设成果

飞机复合材料结构修理

FEIJI FUHECAILIAO JIEGOU XIULI

主 编 徐 竹
副主编 谭卫娟 唐 婷

西安交通大学出版社

内容简介

本书针对高职航空复合材料专业的专业特色，以专业人才培养方案和课程体系为导向，基于工作任务开发新型活页式教材，采用"任务式"编写方法，以典型工作任务为载体，以学生为中心，以能力培养为本位，根据企业复合材料修理实际岗位需求设置教材内容，主要介绍了飞机复合材料常用结构，飞机复合材料的原材料与成型工艺，复合材料常用修理工具、设备及其应用，飞机复合材料结构修理手册查询，飞机复合材料结构损伤的检测方法，飞机复合材料层合板结构和蜂窝夹芯结构的修理工艺。

本书实用性强，适合作为高等职业院校复合材料相关专业的教材，也可作为从事飞机复合材料结构修理的工程技术人员的参考用书。

图书在版编目(CIP)数据

飞机复合材料结构修理 / 徐竹主编. —西安：西安交通大学出版社，2023.9(2025.6重印)
高等职业教育航空类专业系列教材
ISBN 978-7-5693-3399-2

Ⅰ.①飞… Ⅱ.①徐… Ⅲ.①飞机—复合材料结构—维修—高等职业教育—教材 Ⅳ.①V257

中国国家版本馆 CIP 数据核字(2023)第159963号

书　　名	飞机复合材料结构修理
	FEIJI FUHECAILIAO JIEGOU XIULI
主　　编	徐　竹
副 主 编	谭卫娟　唐　婷
策划编辑	曹　昳
责任编辑	杨　璠　张明玥
责任印制	刘　攀
责任校对	张　欣
封面设计	任加盟
出版发行	西安交通大学出版社
	(西安市兴庆南路1号　邮政编码710048)
网　　址	http://www.xjtupress.com
电　　话	(029)82668357　82667874(市场营销中心)
	(029)82668315(总编办)
传　　真	(029)82668280
印　　刷	西安五星印刷有限公司
开　　本	787 mm×1092 mm　1/16　印张 14.75　字数 308千字
版次印次	2023年9月第1版　2025年6月第3次印刷
书　　号	ISBN 978-7-5693-3399-2
定　　价	59.00元

如发现印装质量问题，请与本社市场营销中心联系。
订购热线：(029)82665248　(029)82667874
投稿热线：(029)82668804
读者信箱：phoe@qq.com

版权所有　侵权必究

《飞机复合材料结构修理》

编委会

主　编　徐　竹
副主编　谭卫娟　唐　婷
参　编　牛芳芳　杨　超　徐梦雅
　　　　　　何　栋

前言

随着先进复合材料在飞机结构上的用量不断增加，飞机复合材料结构的维修技术也需要提高。编者根据飞机复合材料结构修理相关企业实际岗位需求，以培养面向生产第一线，具备复合材料修理技术相关职业技能，具有德智体美全面发展的高技能应用型人才为导向，紧密结合高职高专复合材料专业的特色，编写了这本新型活页式的教材。教材体系与框架设计打破传统"章、节"编写模式，建立以"工作项目为导向，用工作任务进行驱动"的新型活页式教材体系。本书可用于高等职业技术学院航空复合材料成型与加工技术专业学生的教学用书，也可作为从事飞机复合材料结构修理的工程技术人员的参考用书。

本书以飞机上复合材料典型结构件层合板修理和蜂窝夹层结构修理的基本流程及修理步骤为主要内容，针对性和实用性强，在编写过程中力求突出实用，理论知识以够用为度，书中内容尽量与实际生产紧密结合，突出了工学结合的特点，既保证传授最基础的技术知识，又能让学生接受更多的动态性知识。教材内容紧跟行业发展趋势，不仅注重培养学生的技能，更重视学生的职业素质、创新能力、业务能力方面的培养。本书主要由西安航空职业技术学院复合材料工程技术协同创新中心人员编写，其中绪论、项目1、项目6由徐竹编写，项目2由徐竹和杨超编写，项目3由谭卫娟编写，项目4由徐梦雅、何栋和徐竹编写，项目5由唐婷编写，项目7由牛芳芳编写，全书由徐竹统稿。

在本书编写过程中，编者收集了国内飞机复合材料结构修理的相关资料，借鉴了国内很多航空复合材料企业人员的意见和建议，并参考和引用了大量国内外的文献资料和相关教材，在此一并表示感谢。由于编者水平有限，书中难免有不妥之处，恳请广大读者批评指正，并对本书引用的参考文献的作者表示衷心感谢。

编 者
2023年2月

目录
CONTENTS

绪 论 ·· 1

项目1 飞机复合材料结构的认识 ·· 9

任务1 飞机复合材料常用结构类型的认识 ·· 10
1.1 复合材料层合板结构 ·· 10
1.2 复合材料夹芯结构 ··· 15

任务2 飞机复合材料结构的原材料 ·· 19
2.1 复合材料的增强纤维材料 ·· 19
2.2 复合材料的基体材料 ·· 26
2.3 复合材料的预浸料 ··· 31
2.4 复合材料结构用胶黏剂 ··· 34

任务3 飞机复合材料结构成型工艺 ·· 38
3.1 树脂基复合材料的成型工艺方法 ··· 38
3.2 复合材料结构件整体化成型工艺 ··· 43

项目2 复合材料修理常用工具、设备及其使用 ··· 49

任务4 复合材料修理常用工具的使用 ·· 49
4.1 复合材料制孔工具 ··· 50
4.2 复合材料切割工具 ··· 54
4.3 打磨和抛光工具 ·· 59
4.4 夹具及其使用 ·· 61
4.5 树脂、胶应用工具 ··· 62
4.6 其他工具 ·· 63

任务5 复合材料修理常用设备的使用 ·· 67
5.1 材料存储设备 ·· 67

5.2	加热设备	68
5.3	加压设备	70
5.4	吸尘设备	73
5.5	切割设备	74
5.6	调胶设备	75
5.7	测量设备	76

项目3 飞机复合材料结构修理的手册查询 …… 80

任务6 飞机结构修理手册(SRM)的使用 …… 80
- 6.1 飞机结构初步认识 …… 81
- 6.2 飞机 SRM 手册的简介 …… 81

任务7 飞机结构修理手册与其他手册的配合使用 …… 86

任务8 飞机发动机结构修理手册的使用 …… 92
- 8.1 V2500 发动机进气道的构成 …… 93
- 8.2 在飞机航线维护中最常见的进气道损伤 …… 94

项目4 飞机复合材料结构损伤的检测方法 …… 98

任务9 复合材料结构损伤的目视检测 …… 99
- 9.1 目视检测原理 …… 99
- 9.2 目视检测方法的分类 …… 100

任务10 复合材料结构损伤的敲击检测 …… 102
- 10.1 敲击法检测的原理 …… 103
- 10.2 敲击法检测的方法 …… 104
- 10.3 敲击检测法的特点 …… 105

任务11 复合材料结构损伤的超声波检测法 …… 106
- 11.1 超声波检测的原理 …… 107
- 11.2 超声检测方法 …… 107
- 11.3 超声检测装置 …… 111
- 11.4 超声波检测的特点及应用 …… 112

任务12 复合材料结构损伤的 X 射线检测法 …… 116
- 12.1 射线检测的物理基础 …… 116
- 12.2 X 射线检测基本原理 …… 117
- 12.3 X 射线检测方法 …… 118

	12.4 射线检测的适用范围	118
任务13	复合材料结构损伤的涡流检测法	124
	13.1 涡流检测的原理	124
	13.2 检测线圈和对比试样	125
	13.3 涡流检测的特点	126

项目5 飞机复合材料层合板结构件的修理 …………… 131

任务14 复合材料层合板结构件的铺层修理法 ……………… 133
    14.1 铺层修理法的定义 ……………… 133
    14.2 铺层修理法的分类 ……………… 133
    14.3 铺层修理的工艺流程 ……………… 135

任务15 复合材料层合板结构件的其他修理方法 ……………… 154
    15.1 注胶修理 ……………… 154
    15.2 填胶修理 ……………… 155
    15.3 胶接连接修理 ……………… 156
    15.4 机械连接修理 ……………… 158

项目6 飞机复合材料蜂窝夹芯结构的修理 …………… 168

任务16 复合材料蜂窝夹芯结构损伤类型与损伤评估 ……………… 169
    16.1 复合材料蜂窝夹芯结构常见的损伤 ……………… 169
    16.2 飞机复合材料结构损伤评估 ……………… 171

任务17 复合材料蜂窝夹芯结构单面板的损伤修理 ……………… 173
    17.1 飞机复合材料结构修理的准则 ……………… 173
    17.2 飞机复合材料结构修理材料选用准则 ……………… 174
    17.3 遵照飞机修理手册,实施复合材料结构修理 ……………… 174
    17.4 复合材料层合板结构件的铺层修理 ……………… 175

任务18 复合材料蜂窝夹芯结构非穿透损伤的修理 ……………… 176
    18.1 复合材料蜂窝夹芯结构的修理准则 ……………… 177
    18.2 复合材料蜂窝夹芯结构的修理流程 ……………… 177
    18.3 复合材料蜂窝夹芯结构的修理方法 ……………… 178
    18.4 复合材料蜂窝夹芯结构修理的标准工艺 ……………… 179

任务19 复合材料蜂窝夹芯结构穿透损伤的修理 ……………… 188

项目7　飞机复合材料结构件的其他修理方法 ····· 201

任务 20　飞机复合材料表面防静电层的修理 ····· 201
20.1　飞机复合材料表面防静电层概述 ····· 202
20.2　飞机复合材料表面防静电层类型及修理要求 ····· 202

任务 21　飞机金属结构的粘接修理技术 ····· 207
21.1　金属黏结结构在飞机上的应用 ····· 208
21.2　金属黏结结构件的常见损伤、检测方法及修理要求 ····· 208
21.3　飞机金属黏结结构修复的关键技术 ····· 209

任务 22　飞机其他非金属件的修理 ····· 219
22.1　飞机上的塑料件 ····· 219
22.2　飞机上的橡胶件 ····· 220

参考文献 ····· 225

绪　论

复合材料具有质量轻、强度高、刚度好和不易腐蚀等优点,在现代大型民用飞机结构中得到较多的应用。复合材料结构不仅减轻了飞机的结构质量,而且改善了飞机的耐腐蚀性能和抗疲劳性能,大幅度提高了民用飞机的安全性、经济性、舒适性和环保性,成为现代大型客机先进性和市场竞争力的标志。

一、复合材料的特性

1.复合材料的定义与分类

复合材料通常是由两种或两种以上不同性质的组分材料通过复合而成、各组分材料之间具有明显界面的新型材料。它既能保留原组分材料的主要特点,又通过复合效应获得原组分所不具备的性能;它可以通过材料设计使各组分的性能互相补充并彼此关联,从而获得新的优越性能。在复合材料中,通常将连续相称为基体,分散相称为增强材料,图0-1所示为复合材料基本组成示意图,分散相是以独立的形态分布在整个连续相内部,两相之间存在相界面。

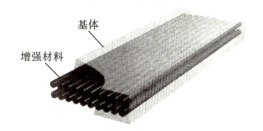

图 0-1　复合材料基本组成示意

复合材料的种类有很多,通常有以下几种分类方法。

(1)按基体材料不同,复合材料可分为树脂基复合材料、金属基复合材料、无机非金属基复合材料。树脂基复合材料是以各种树脂为基体材料制成的复合材料,如环氧树脂基复合材料、酚醛树脂基复合材料和聚酰亚胺树脂复合材料,树脂基复合材料又分为热固性复合材料和热塑性复合材料两大类。金属基复合材料是以金属为基体材料制成的复合材料,如硼纤维复合材料、碳化硅纤维复合材料等。无机非金属基复合材料是以陶瓷材料(也包括玻璃和水泥)为基体制成的复合材料。树脂基复合材料是最先开发和产业化推广的,因此应用面最广、产业化程度最高,树脂基复合材料的用量占所有复合材料总量的90%以上。

(2) 按增强材料种类分类,复合材料可分为玻璃纤维复合材料、碳纤维复合材料、芳纶纤维复合材料、金属纤维复合材料、陶瓷纤维(如氧化铝纤维、碳化硅纤维等)复合材料等。

(3) 按增强材料形态分类,复合材料可分为连续纤维复合材料、短纤维复合材料、粒状填料复合材料、编织复合材料。连续纤维增强复合材料是指增强纤维以与构件等长的形式出现在构件中构成的复合材料,每根纤维的两个端点都位于复合材料的边界处。短纤维增强复合材料是指增强纤维材料以短小的纤维无规则地分散于基体材料中构成的复合材料,颗粒增强复合材料是指增强材料以微小颗粒的形式无规则地分散于基体材料中构成的复合材料。编织复合材料是以平面二维或立体三维纤维编织物为增强材料与基体复合而成的复合材料。

(4) 按同一复合材料构件中含有增强材料种类的数量分为单一复合材料和混杂复合材料。同一复合材料构件中只含有一种增强材料的复合材料,称为单一复合材料。同一复合材料构件中含有两种或两种以上的纤维混合或不同纤维的铺层混合构成的复合材料称为混杂复合材料。混杂复合材料需注明由哪几种增强材料混杂。

(5) 按用途分类,复合材料可分为结构复合材料和功能复合材料。

结构复合材料主要用作承力和次承力结构,要求它质量轻、强度和刚度高,且能耐受一定温度,在某种情况下还要求有膨胀系数小、绝热性能好或耐介质腐蚀等其他性能。功能复合材料指具有除力学性能以外其他物理性能的复合材料,即具有各种电学性能、磁学性能、光学性能、声学性能、摩擦性能、阻尼性能,以及化学分离性能等的复合材料。

本书主要介绍目前广泛应用于飞机结构的先进复合材料,主要指以碳纤维、芳纶纤维、硼纤维或高性能玻璃纤维为增强材料构成的复合材料。

2. 先进复合材料的特性

1) 比强度和比模量高

比强度(强度与密度之比)和比模量(弹性模量与密度之比)是衡量材料承载能力的一个指标,材料的比强度越高,同一零件的比重越小;比模量越高,零件的刚性越大。与金属材料相比,复合材料具有高的比强度和比模量。表0-1列出了几种典型材料的比强度和比模量。例如,铝合金的比强度和比模量分别是0.17和0.26,而碳纤维环氧树脂复合材料的比强度和比模量分别是0.63和1.50。因此,在飞机上采用复合材料结构可以减轻飞机重量。一般说来,用复合材料结构代替铝合金结构,可以减轻20%或更多的重量。

表0-1 几种典型材料的比强度和比模量

材料名称	比强度/MPa	比模量/GPa
钢	0.13	0.27
铝合金	0.17	0.26
玻璃纤维增强聚酯复合材料	0.53	0.21
碳纤维增强环氧树脂复合材料	0.63	1.50

2)具有可设计性

复合材料可以根据构件的实际需要,通过选择合适的原材料和合理的铺层形式对复合材料构件或复合材料结构进行优化设计,复合材料既是一种材料又是一种结构。对于结构件来说,可以根据受力情况合理布置增强材料,达到节约材料、减轻质量的目的。对于有耐腐蚀性能要求的产品,设计时可以选用耐腐蚀性能好的基体树脂和增强材料;对于其他一些性能要求,如介电性能、耐热性能等,都可以方便地通过选择合适的原材料来满足要求。复合材料良好的可设计性还可以最大限度地克服其弹性模量、层间剪切强度低等缺点。

3)材料的抗疲劳性能良好

疲劳破坏是材料在交变载荷作用下,由于微观裂缝的形成和扩展而造成的低应力破坏。一般金属的疲劳强度为抗拉强度的40%~50%,而纤维增强复合材料中纤维与基体的界面能阻止裂纹扩展,而且疲劳破坏前有明显的征兆,可以及时检查和补救。因此碳纤维复合材料的疲劳极限可达到其拉伸强度的70%~80%。此外,纤维复合材料还具有较好的抗声振疲劳性能,用复合材料制成的直升机旋翼,其疲劳寿命比金属材料的长。

4)材料的减振性能良好

复合材料的比模量高,因此由复合材料制成的结构件具有较高的自振频率,在通常加载速度和频率条件下不容易出现共振而快速脆断的现象。另外,复合材料是一种非均质多相体系,复合材料中的界面对振动有反射和吸收作用,因此复合材料结构振动阻尼高,吸振和耐声振疲劳性能强。

5)复合材料的破损安全性好

在复合材料中有成千上万根独立的纤维。当用这种材料制成的构件超载,并有少量纤维断裂时,载荷会迅速重新分配并传递到未破坏的纤维上,因此整个构件不至于在短时间内丧失承载能力。

6)良好的抗腐蚀、蠕变、冲击和断裂韧性

相对于金属结构,树脂基复合材料具有优异的抗腐蚀性能,在苛刻的环境条件下也不容易发生腐蚀。此外,由于增强材料的加入,复合材料的蠕变、冲击和断裂韧性等性能得到提高,特别是陶瓷基复合材料的脆性得到明显改善。

二、复合材料在现代民用飞机上的应用

复合材料在现代大型民用飞机结构中的应用很多,主要用于制作现代大型民用飞机上的雷达罩、整流罩、起落架舱门、扰流板、副翼、襟翼导轨整流罩、升降舵和方向舵等机体结构件,以及客舱的地板、装饰面板和盥洗室结构、货舱侧壁板和顶板等内部结构件。随着复合材料及其成型工艺技术的发展,复合材料在飞机上的应用已经由次承力结构材料发展到主承力结构材料,除了上述机体结构件和内部构件采用复合材料外,飞机机身、隔框,以及机翼等主要结构也都采用了复合材料。

1. 复合材料在波音民用飞机中的应用

波音公司是民用飞机最有名的制造商之一,其民用飞机复合材料的用量随着新机型的不断推出也在不断增长。波音的第一代民用客机707没有采用复合材料,复合材料的用量为零。20世纪六七十年代先进复合材料在民用飞机上的用量还只有1%～3%,DC-9、DC-10、MD80和L1011等客机上先进复合材料的用量还只有1%左右,波音747飞机的先进复合材料的用量在当时比较高,只有2%～3%。20世纪80年代民用飞机先进复合材料的用量有所提高,波音公司波音757先进复合材料的用量为3%～4%,波音767则达到4%～5%,波音777中复合材料的占比约为12%。图0-2所示为复合材料在波音777飞机上的应用。

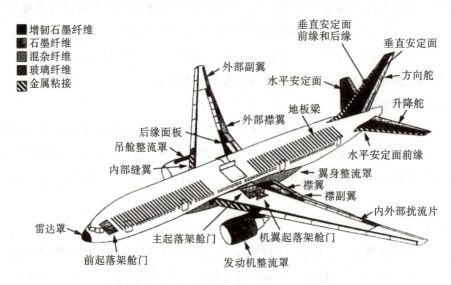

图0-2 复合材料在波音777飞机上的应用

新一代民航客机波音787飞机,其机身、机翼等主要的部件以及垂尾、平尾和地板梁等构件都采用复合材料制作,其复合材料用量占飞机结构总重的50%。波音787机身机翼采用碳纤维层合结构,升降舵、方向舵保留了过去采用的碳纤维夹芯结构,发动机舱除受力大的发动机吊

挂外均采用碳纤维夹芯结构,整流罩采用玻璃纤维夹芯结构。波音787的中央翼盒、主翼蒙皮、水平尾翼、垂直尾翼及后机身前段(47段)都应用了热压罐固化工艺。

后机身前段所铺层数最薄处为12层,而最厚处接近100层,自动铺带机能根据设计要求自动调整不同位置的铺层厚度、角度,并能留出窗口位置。波音787的前机身段和中机身44、46段均采用热压罐固化工艺。波音787的窗框、客舱地板、机翼前缘,以及其他小部件采用模压-加热固化工艺制造。图0-3为复合材料在波音787上的应用,波音787是第一个采用复合材料机翼和机身的大型商用客机。

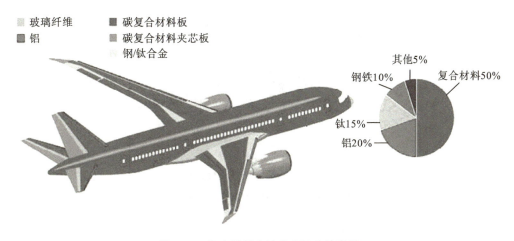

图0-3 复合材料在波音787上的应用

2. 复合材料在空客民用飞机中的应用

空中客车公司是首家在大型民用飞机上广泛采用复合材料的飞机制造商。碳纤维增强复合材料在空客飞机结构重量中所占的比例,从A310-300机型的5%,到A380的25%,再到A400M的35%,直到2013年投入运营的A350XWB的53%,是一个循序渐进的过程。在空中客车公司,A310是第一个在襟翼盒上应用复合材料的飞机,A320是投产的第一架全复合材料尾翼飞机,A340飞机的机翼的13%重量是复合材料,而A340/500-600则是采用碳纤维增强型复合材料大梁和后压力隔框的机型。而A380飞机是空中客车公司第一次将碳纤维增强塑料应用于中央翼盒的飞机,这种结构与铝合金相比减重1.5吨。A380也采用了世界上最大的复合材料后机身段。A350XWB是复合材料用量占全机结构重量比例较大的一种客机,其中复合材料、轻金属材料和硬金属材料的比例分别是53%、20%和21%,在空客飞机上第一次实现了复合材料的用量超过了金属材料。

欧洲空客的超大型客机A380采用全机身长度的双层客舱,是目前世界上最先进、最宽敞和最高效的飞机之一。图0-4所示为A380飞机上复合材料的应用,A380客机的中央翼盒、翼肋、机身上蒙皮壁板、机身后段、机身尾段、地板梁、后承压框、平尾和垂尾等大型主承力构件都采用复合材料制作,其复合材料用量占飞机结构总重的25%左右。A380是第一个将复合材料用于中央翼盒的大型民机,该翼盒为 8 m×7 m×2.4 m,重 8.8 t,其中 5.3 t 是复合材料,减重 1.5 t,机身上壁板则大量应用了玻璃纤维增强铝合金复合材料 GLARE 层板,共 27 块 470 m^2。A380 机身后承压框为 6.2 m×5.5 m,号称世界上最大的树脂膜转移成型(RFI)整体成型构件。

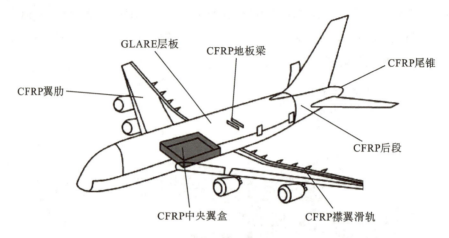

CFRP:碳纤维增强基复合材料。

图 0-4　A380 飞机上复合材料的应用

3. 复合材料在 C919 中的应用

C919 大型客机是我国自主研制的首型国产大型客机(大飞机)。第三代铝锂合金材料、先进复合材料在 C919 机体结构用量分别达到 8.8% 和 12%。图 0-5 所示为 C919 飞机上复合材料的应用,其中碳纤维主要用于 C919 的尾翼和中央复合材料壁板,以及主起落架舱门工作包、

图 0-5　C919 飞机上复合材料的应用

前起落架舱门工作包、翼身整流罩工作包和垂直尾翼工作包等地方,机轮刹车系统则涉及碳/碳复合材料及高温合金的生产与制造。C919 大型客机后机身前段由 4 块整体复合材料壁板、1个整体复合材料球面加筋框、6 个复合材料 C 形框等组成,包含近 600 项零件。该部段是以新型复合材料为主体的主要机体结构,是大面积复合材料制造主体结构在国产民用飞机上的首次应用,有效降低了国产大飞机重量,提升了飞机的经济性。C919 客机的机翼上采用了类似等级的碳纤维复合材料应用预示着中国的客机材料与加工技术已取得突破式进展,整体水平已居于世界前列。尽管复合材料在飞机结构件上的大规模应用可以减轻结构质量,减少飞机全寿命费用,但是新材料、新工艺、新结构和新技术的采用势必会增加飞机研制的风险。当今世界大型民用飞机已经进入了复合材料时代,我国自主研制的大飞机也正积极面对挑战,在积极跟进世界领先步伐。

三、复合材料结构修理的紧迫性

复合材料在飞机上的用量日益增多,应用部位也由次承力结构向主承力结构过渡,而且在复杂曲面构件上的应用越来越多。飞机在服役过程中不可避免地会因意外冲击如鸟撞、冰雹等造成复合材料结构损伤,这些损伤会大大降低结构的承载能力。因为飞机本身的造价非常昂贵,所以飞机的维护费用也居高不下。无论是航空公司还是飞机维修企业都在寻找经济、快速、有效的修理方式,使飞机安全地投入运营阶段。复合材料零件的可修理性、修理费用的昂贵与否,以及修理后的剩余使用寿命,是行业应用非常关心的问题。

飞机复合材料的修理目的是最大限度地恢复飞机结构的完整性和安全性,复合材料结构良好的可修理性可以提高飞机在使用中的安全可靠性和零件服役的保障性,还可以降低保障、使用成本,延长零部件的使用寿命,减少维护费用。结构修理性和维修成本已经成为评价复合材料设计结构的主要指标之一。由于复合材料的非均质性和各向异性等性能导致复合材料与传统金属材料性能差异很大,因此民机复合材料结构的损伤检测与损伤评估,维修原理、方法及工艺,维修工具与设备,维修效果验证与评估等各个方面都与传统的金属结构有所不同,结构维修的适航审定也更加复杂。阻碍复合材料在民用飞机上进一步扩大应用的主要障碍之一是复合材料的维修问题,包括维修方法、维修成本、维修材料供应和储存、维修技术验证与适航验证等均未形成标准化体系。

一些欧美国家和地区在民机复合材料维修领域技术领先。在民机复合材料结构的设计、制造与使用、复合材料结构维修所涉及的基础理论、关键技术及适航验证等方面的技术规范与标准大部分都可以在波音和空客飞机的飞机修理手册(AMM)、结构修理手册(SRM)及部件修理手册(CMM)等核心技术资料中查询,这在民机复合材料结构的维修实践中发挥了巨大的技术支撑和指导作用。但是与成熟的民机金属结构维修技术相比,民机复合材料结构维修技术目前仍旧处于发展阶段,在高效/高可靠性维修设计方法、维修材料和工艺的全面标准化、新型维修工艺、维修验证技术和维修人员培训等方面还存在极大的不足,还需要培育出更多懂得处理复合材料的人员,并建立更多新机型的维修中心。

我国民航现役飞机中,国产民机数量很少且基本都是全金属飞机,中国民航大部分现役飞机都由空客、波音为代表的国外航空工业公司制造,并由国外制造厂家制订维修标准和维修方案,复合材料结构维修的核心技术长期被国外垄断。国内航空公司和维修厂尽管积累了丰富的民机复合材料结构维修操作经验,但民机复合材料结构维修理论基础及关键技术储备相对薄弱。目前复合材料结构维修设计、维修工艺、维修验证方法体系、维修适航标准等方面的技术标准或规范尚未建立、维修材料的性能和来源有待改善。

复合材料机体结构设计和制造技术日臻成熟,与之相应的复合材料结构的修理技术升级却相对匮乏,这势必会影响飞机的出勤率和航线营运。一方面,随着现代飞机复合材料结构应用比例的增大和现役采用复合材料的飞机使用寿命的延长,将来复合材料结构飞机会面临与现在许多老龄金属结构飞机类似的大量的修理任务;另一方面,现代飞机复合材料结构设计正朝着整体化的方向发展,接受更换受损复合材料结构件不再是一个经济的选择,复合材料结构的一体化趋势也对结构损伤修理提出很大的挑战。因此全面开发复合材料结构修理技术的需求日益迫切,复合材料结构修理与评估技术逐渐成为复合材料技术的重要研究内容之一,对提高飞机结构的维护性和降低运营成本具有重要意义。

项目 1　飞机复合材料结构的认识

项目目标

知识目标：(1)掌握飞机复合材料常用结构类型。
(2)熟悉复合材料结构图样表示方法。
(3)了解飞机复合材料结构的原材料及工艺方法。

能力目标：(1)能识别飞机复合材料常用结构类型及复合材料结构图样表示方法。
(2)正确选用飞机复合材料结构的原材料及工艺方法。

素质目标：(1)增强节约材料、绿色环保、降低成本的职业素养。
(2)通过学习新材料在航空航天领域的实际应用,激发学生航空报国的热情。

项目引入

复合材料结构的图样与以往飞机结构图样有许多不同,在飞机复合材料结构修理时,首先要识别复合材料结构图样,有时还要进行简单的绘图。图 1-1 所示为波音某型号飞机的升降舵上表面蒙皮详细构造图,其中水平安定面上表面蒙皮件号 1 是蜂窝夹芯结构。

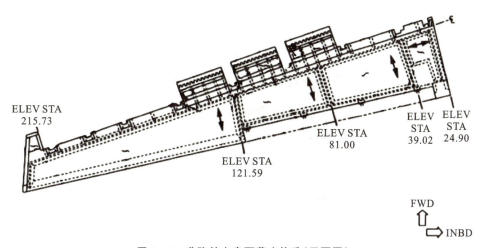

图 1-1　升降舵上表面蒙皮构造(平面图)

任务 1　飞机复合材料常用结构类型的认识

任务描述

现代民用飞机上所应用的复合材料,按其构造形式一般可分为两大类:层合结构和夹芯结构。

复合材料层合结构指经过适当的制造工艺(如共固化、二次胶接、机械连接等),主要由层合板形成的具有独立功能的三维结构,如翼面结构的梁、肋、壁板、盒段、机身侧壁,以及飞机部件等。层合板指由二层或多层不同的铺层通过树脂固化彼此黏结在一起构成的复合材料板,构成层合板的铺层可以是同种材料,也可以是不同材料,每层方向和铺层顺序按照结构元件的受力要求来设计,从而使形成的层合板达到满意的性能。在飞机结构中,层合板主要用作复合材料夹芯结构的面板、整流罩、货舱地板、侧壁板、蒙皮壁板、梁腹板、肋腹板等构件。另外,在复合材料夹芯结构的边缘处和安装紧固件处也都要采用层合板结构。

复合材料夹芯结构由上、下面板,夹芯与胶黏剂组成。目前飞机复合材料结构件大多数都采用蜂窝夹芯结构,如雷达罩、客舱地板和各类装饰面板、各类整流罩、操纵舵面和梁腹板等。采用蜂窝夹芯结构的主要目的是提高结构件的抗弯刚度和充分利用材料的强度。

知识链接

1.1　复合材料层合板结构

1. 层合板的构造

层合板亦称层压板或叠层板。层合板是由若干层湿铺层或预浸料铺层按照某种铺层设计以铺贴粘接的形式,经加温加压,固化而成的多层板材,如图 1-2 所示。

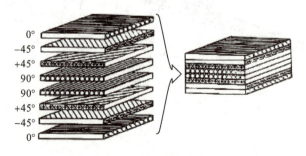

图 1-2　层合板的构造

湿铺层是指在工作现场,用树脂将干的纤维织布或者纤维浸渍后所形成的补片铺层。湿铺层另外还有一个动词含义,就是指用浸渍了树脂的纤维织布或者纤维进行铺层修理或者制作复合材料构件。预浸料是指预先浸渍了树脂的纤维或者织布。预浸料是半成品,市场有售。

层合板中的任一铺层又称为单层板,它是构成层合板的最基本的结构单元。单层板固化后的厚度一般约为 0.1~0.3 mm。

单层板也可以看成由增强纤维材料和基体材料构成。单层板中的增强材料若是以纤维形态出现的,则该单层板被称为单向带或单向铺层;若以织布形态出现的,则该单层板被称为编织铺层或双向铺层。

单层板在微观上是一种不均匀的材料,而且各向异性,因此,由其组成的层合板在微观上也是一种不均匀的材料而且在不同方向上具有不同的力学性能。单向带只能承受和传递沿纤维方向的载荷。编织铺层或双向铺层的主要受力方向是沿经线的方向,其他方向也能承受一定的载荷。

2. 层合板的有关参数

为了使层合板能够满足工作的需要,层合板中的各铺层需要进行复合材料层合板设计,或称为层合板铺层设计。复合材料层合板设计是复合材料结构设计的基础,也是复合材料结构设计特有的工作内容。层合板设计的优劣在很大程度上影响着结构设计的成败。层合板铺层设计是根据由纤维和基体组成的单层的性能来决定层合板中各单层的取向(铺层角)、顺序、各定向层相对于总层数的比例和总层数(或总厚度)。因此,层合板的铺层设计参数主要包括设计铺层的总层数、各铺层的材料、铺层取向和铺设顺序等。

1)层合板铺层的总层数

层合板铺层的总层数主要取决于层合板的承载状况,承载越大,需要的层数就越多。复合材料层合板构件少则有两层,多则有上千层。

2)各铺层的材料

各铺层的材料根据层合板的承载大小、载荷类型、使用环境等综合考虑确定。各铺层的材料可以是同一种材料,也可几种材料混用。混杂复合材料经过合理设计,其不同的纤维可以起到互补作用,即以一种纤维的优点弥补另外一种纤维的弱点,从而得到综合性能较好的材料。例如,对于强度、刚度要求较高,又有抗冲击性能要求的结构,可设计采用碳纤维(抗冲击性能较差)中加入芳纶纤维(韧性较好,抗冲击性能高),通过层间或层内混杂,弥补碳纤维较脆的弱点,从而提高抗冲击性能。另外,碳纤维和芳纶纤维的热膨胀系数基本相同。因此,这两种纤维组成的混杂复合材料内应力很小,可忽略不计。这种混杂复合材料还具有重量轻的优点。

3)铺层取向

设计或者修理层合板时,确定铺层的增强纤维方向与层合板构件的纵向(基准坐标 X)之间的角度称为铺层取向。铺层取向可以用铺层角来表达。铺层的增强纤维方向与构件的纵向(基准坐标 X)之间的夹角称为铺层角。对单向带来说,增强纤维方向就是指其纤维方向;对编织铺层来说,增强纤维方向是指编织铺层的经线方向。通常,构件的纵向(基准坐标 X)是与构件的主要受力方向一致的。在复合材料构件的图纸上都会标注出构件的基准坐标以及各铺层的铺层角。修理复合材料构件时,常常需要查阅图纸或结构修理手册以便确定各铺层的铺层角。

常用的铺层角度有 0°、+45°、-45°和 90°。图 1-3 中,X 轴为构件的纵向,Y 轴为构件的横向;图中线条代表增强纤维方向。当铺层的单向带纤维方向或织布的经线方向与 X 坐标轴平行一致时为 0°铺层角;当铺层的单向带纤维方向或织布的经线方向与 X 坐标轴垂直时为 90°铺层角;当铺层的单向带纤维方向或织布的经线方向与 X 坐标轴呈逆时针方向 45°时为 +45°铺层角;当铺层的单向带纤维方向或织布的经线方向与 X 坐标轴呈顺时针方向 45°时为 -45°铺层角。

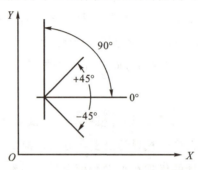

图 1-3　铺层取向与铺层角的示意图

4) 铺设顺序

铺设顺序是复合材料层合板构件制作时铺层铺设的先后顺序。通常以紧贴模具型面的铺层作为第一铺层,由贴模面向外开始计数。层合板中,每一个铺层都有一个铺层编号。铺层编号的表达形式为 nPm,其中,n 代表零件图号,P 是铺层代号,m 是铺层序号(从贴模面起计)。铺层编号示例如图 1-4 所示。铺层编号中的零件图号在不引起误解或者不产生歧义的情况下,可以不写出。

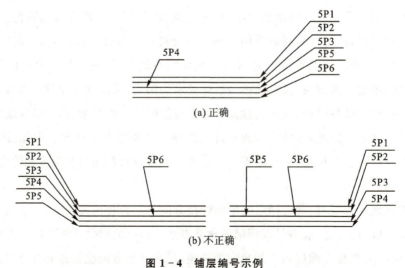

图 1-4　铺层编号示例

3. 层合板的种类

按照各铺层相对于排列位置情况,层合板可分为对称层合板、反对称层合板、均衡层合板等。

1) 对称层合板

层合板内中面两侧对应位置的铺层材料相同,厚度和铺层角相等的层合板,称为对称层合板,如[0/90$_2$/0]铺层的层合板。

2) 均衡层合板

铺层的材料与厚度相同,铺层角为$+\theta$和$-\theta$且铺层数相等的层合板为均衡层合板,如[+45$_2$/−45$_2$]铺层的层合板。

3) 均衡对称层合板

既均衡又对称的层合板称为均衡对称层合板。

4) 反对称层合板

层合板内中面两侧对应位置的两个铺层材料和厚度相同,但铺层角相反的层合板,称为反对称层合板,如[0/45/−45/0]铺层的层合板。

5) 一般层合板

对称层合板和反对称层合板以外的层合板称为一般层合板。

4. 层合板的标记

层合板可用图示表达法或公式表达法来标记。图示表达法的优点是直观,能使层合板的铺层顺序及各铺层的铺层角一目了然,适用于只有几层铺层的层合板标记。公式表达法的优点是简便,但是不直观,适用于具有几百或者上千铺层的层合板标记。

图示表达法采用一个矩形框格表示一铺层,构件有几层铺层就画几个矩形框,同时在代表铺层的框格中标注铺层角,如表1-1中的图示表达法所示。

公式表达法是把全部铺层以铺层角数字的形式写入中括号"[ ]"内,各铺层按由下向上或由贴模面向外的顺序写出,各铺层的铺层角数字用"/"分开,同时根据需要标以下脚标、顶标等,以表达各铺层数、总铺层数、铺层材料和铺层顺序等,如表1-1中的公式表达法所示。

表1-1 层合板的结构及其表示方法

层合板类型	图示表达法	公示表示法	说明
一般层合板	90 −45 0 45 0	[0/45/0/−45/90]	1.每一铺层的方向用铺层角表示,彼此用"/"分开,全部铺层用"[ ]"括上; 2.铺层按由下向上或由贴模面向外的顺序写出

续表

层合板类型		图示表达法	公示表示法	说明
对称层合板	偶数层	0 90 90 0	$[0/90]_S$	对称铺层的偶数层层压板,对称铺层只写出一半,在括号外加下标"S",表示对称
	奇数层	0 45 90 45 0	$[0/45/\overline{90}]_S$	对称铺层的奇数层层压板,在对称铺层上加顶标"—",其余和偶数层相同
具有连续重复铺层的层合板		90 45 45 0 0	$[0_2/45_2/90]$	连续重复的层数用数字下标表示
具有连续正负铺层的层合板		−45 45 −45 45 0	$[0/\pm 45_2]$	连续正负铺层以"±"号表示,上面的符号表示第一个铺层,下面的符号表示后一个铺层
由多个子层合板构成的层合板		90 0 90 0 90 0	$[0/90]_3$	在层合板内一个多次重复的多向铺层组合叫子层合板。子层合板重复数用下标数字表示
由织物组成的层合板		0,90 −45 45	$[(\pm 45)/(0,90)]$	织物用圆括号"()"以及经纬纤维方向表示,经向纤维在前,纬向纤维在后
混杂纤维层合板		90_G -45_K 0_C	$[0_C/-45_K/90_G]$	纤维的种类用英文字母下标标出:C 表示碳纤维,K 表示芳纶纤维,G 表示玻璃纤维,B 表示硼纤维
夹芯板		0 90 C_4 90 0	$[0/90/C_2]_S$	面板铺层的表示同前,C 表示夹芯,下标数字表示夹芯厚度,单位为毫米

5. 层合板的特性

单层板是复合材料的基础，因此往往用单层板的性能来表征复合材料的性能。通常在介绍复合材料的具体性能时，如不作特别说明，一般就指单层复合材料的性能。但是单层复合材料的性能只是表征复合材料的性能，而绝不能表示整个复合材料层合板的性能。

复合材料层合板结构除了具有复合材料一般的特性，如高比强度和比模量、优良的抗疲劳性能和减振性能、良好的高温性能和破损安全性能，其最显著的特点是力学性能的可设计性，即可以根据各方面的实际需要，通过纤维种类和纤维含量的选取、铺层方式和铺层角的设计，对层合板结构进行优化设计，从而获得实际结构所需的不同力学性能。比强度是指材料的拉伸强度与密度之比。比模量是指材料的弹性模量与密度之比。

此外，层合板结构的层与层之间是通过基体材料或其他胶黏剂连接的，因此，其层间的力学性能，尤其是剪切性能较低。故层合板结构件主要用来承受拉伸载荷，不能用在主要承受剪切载荷的部位，否则层合板容易出现分层。

1.2 复合材料夹芯结构

1. 夹芯结构的构造

复合材料夹芯结构是由上、下复合材料面板与芯材用胶膜黏结而成的整体结构，如图1-5所示。

复合材料夹芯结构的面板通常是复合材料层合板，也可以是铝合金板等。芯材有蜂窝芯、泡沫芯和波纹板芯等多种形式，其中用得最多的是蜂窝芯。蜂窝芯材有金属蜂窝芯材和非金属蜂窝芯材两大类。金属蜂窝芯材主要是铝合金蜂窝芯材，非金属蜂窝芯材有玻璃纤维蜂窝芯材、Nomex蜂窝芯材等。泡沫夹芯是用泡沫塑料（又称多孔塑料）制成的。飞机上最常用的泡沫塑料是硬质聚氨酯泡沫塑料。这种泡沫塑料具有重量轻、强度高、导热系数低、耐油、耐低温防震和隔音等优点，并且还具有与多种材料黏结性良好和能够现场发泡制造的特点，便于填充形状复杂的构件。

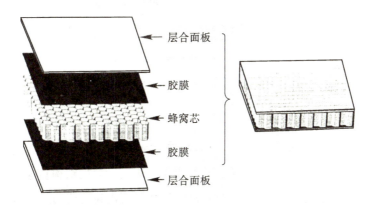

图1-5 蜂窝夹芯结构组成示意图

(1)铝蜂窝芯材是用经磷酸阳极化处理并经浸渍防腐底胶的防锈铝箔涂芯条胶后拉伸制成的,具有强度高、耐腐蚀等特点。铝蜂窝的制造和使用都比较成熟,且成本低,但是铝蜂窝与碳纤维复合材料的热膨胀系数相差太大(约两个数量级),因此,在加温固化制造中和在高低温交变环境下使用时,会产生较高的热应力;铝蜂窝与碳纤维复合材料面板接触时,还会产生电偶腐蚀。所以目前民用飞机的蜂窝结构很少采用碳纤维复合材料面板与铝蜂窝夹芯组合的蜂窝结构。铝蜂窝夹层结构其面板通常也是金属板材,一般应用于承受剪切载荷较大的部位。

(2)玻璃纤维蜂窝芯材是由玻璃纤维布制成蜂窝,然后浸渍树脂固化而成的。玻璃纤维蜂窝芯材具有力学性能高、介电性能优异等特点,除了在一般结构上应用之外,广泛应用于雷达罩和其他无线电天线罩等要求电磁波穿透性能好的夹芯结构中。

(3)Nomex 蜂窝芯材是由聚芳酰胺纸(芳纶纸)浸渍酚醛树脂经固化后制成。其孔格形状以正六角形为主,使用最为普遍,也有一部分是孔格形状呈长方形的过拉伸蜂窝。Nomex 蜂窝芯材具有密度小、成形性好、隔音、隔热、电绝缘、透电磁波和良好的自熄性能等特点,在飞机上常用作地板、舱内壁板和装饰板等夹芯结构件的芯材及雷达罩芯材。

蜂窝芯材的结构形式有六角形蜂窝、柔性蜂窝和过拉伸蜂窝等,如图1-6所示。在实际应用中,大部分采用的是六角形蜂窝芯材。柔性蜂窝芯具有柔韧性,用于铺双曲面构型如雷达罩构件等。过拉伸蜂窝芯是经过拉伸处理的蜂窝芯材,其孔格形状呈长方形,在长度方向上易屈曲,主要应用于具有单曲面的夹层结构件中。

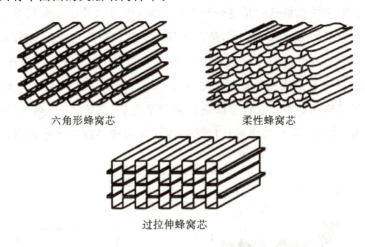

图 1-6 蜂窝孔格形状示意图

2. 蜂窝夹芯结构的受力特性

夹芯结构上、下两块面板承受轴向、弯曲和面内剪切载荷,面板和夹芯之间胶层的作用是把剪切载荷传递到夹芯,或者从夹芯传递到其他相连结构上。夹层结构传递载荷的方式类似于工字梁。工字梁的翼板位置离断面的中性轴最远,以承受面内拉压应力。腹板使翼板之间保持一定的距离而彼此分开,同时腹板在两个翼板之间分散剪应力。同样,夹层结构中具有高强度、高模量的上下面板承受面内拉压应力,而质轻的芯材夹在中间使上下面板分开保持一定的距离,并分散剪应力。

夹层结构的弯曲刚度性能主要取决于面板的性能和两层面板之间的高度,高度越大其弯曲刚度就越大。夹层结构的芯材主要承受剪应力并支持面板使其不失去稳定性,通常这类结构的剪力较小。选择轻质的芯材可大幅度减小结构的质量,在飞机结构中具有重要的应用价值。面板很薄的夹层结构承受冲击载荷的能力较小,所以面板的厚度必须满足一定的条件。由于芯材由轻质且相对于面板强度较低的材质做成,因此,芯材可以大面积地分布在上下面板之间,而并非像工字梁腹板那样对翼板提供局部支撑。

3.蜂窝夹芯结构的其他特性

蜂窝夹芯结构除了具有上面的受力特性,还具有以下的特性。

(1)蜂窝夹芯结构具有比常规金属结构更高的比强度。

(2)蜂窝夹芯结构与厚度等于上、下面板厚度之和的平板相比,具有更高的抗弯刚度。

(3)蜂窝夹芯结构具有较好的隔热和隔音性能。

(4)具有较强的抗震、抗冲击和抗声疲劳的性能。

任务实施

复合材料结构铺层图有平面图和剖面图。铺层平面图是表示铺层的形状、几何尺寸及公差的视图。铺层剖面图是表示铺层的层次关系、铺层的起止、拼接、几何尺寸及公差的视图。铺层剖面图为示意图,可不按比例绘制。在复合材料的结构图样中,规定了其特定的剖面符号,见表1-2。

表1-2 复合材料结构图样的剖面符号

材料		剖面符号
复合材料		
蜂窝夹芯	平行于格孔轴线	
	垂直于格孔轴线	
填充了填充料的蜂窝夹芯		
膨胀胶膜、泡沫塑料、空心微球填充料		
胶膜		

波音某型飞机的升降舵上表面蒙皮的详细构造中水平安定面上表面蒙皮件号1是蜂窝夹芯结构,面板由层合板构成,其每一铺层的铺设方向和铺层材料由铺层编号表示。铺层编号根据所用的材料和增强纤维的铺设方向统一表示,设计具体结构时根据需要选用。水平安定面上表面蒙皮件号1的具体构造,如剖面图1-7所示。升降舵上表面件号1蜂窝夹芯蒙皮的每一铺层的铺层角和材料则由铺层表详细给出,见表1-3。其中,每一铺层的铺层角方向须按图中的铺层基准来确定,如升降舵上表面件号铺层角的定义,如图1-8所示。

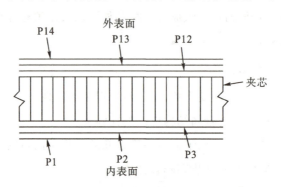

图1-7 升降舵上表面蒙皮件号1构造(剖面图)

表1-3 升降舵上表面件号1蜂窝夹芯蒙皮的铺层表

零件代号	铺层代号	材料	铺层角
1	P1,P14	碳纤维预浸料	+45°
	P2,P13	碳纤维预浸料	0°
	P3,P12	碳纤维预浸料	-45°

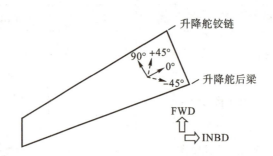

图1-8 升降舵上表面件号1铺层角的定义(平面图)

复合材料结构图样的附注还包括以下内容:①材料牌号或代号说明,具体内容以结构修理手册说明为准;②各种材料固化后的单层理论厚度及层压板的厚度公差;③制件固化后的纤维体积含量及容差;④纤维方向的偏差;⑤制件空隙含量限制;⑥允许的缺陷、损伤及其尺寸;⑦表面防护的要求;⑧无损检测的要求;⑨注明制件的成形方式。

任务 2　飞机复合材料结构的原材料

任务描述

飞机复合材料结构的原材料主要有增强纤维材料和基体材料。选择不同的原材料会直接影响复合材料制品的性能,也会影响复合材料的成型工艺。

知识链接

2.1　复合材料的增强纤维材料

增强纤维材料在复合材料中主要具有以下作用:①承受主要负载;②限制微裂纹延伸;③提高材料强度与刚度;④改善材料抗疲劳、抗蠕变性能;⑤提高材料使用寿命和可靠性。

飞机结构中增强复合材料常用的形式为纤维,包括长纤维、短切纤维、单向带或者织物见图1-9,其中长纤维增强复合材料在飞机结构中应用最为广泛。

图1-9　纤维在复合材料中使用的不同形式

长纤维是一根根连续纤维,是长度大于 100 mm 且长径比大于 10 的丝状材料,1000～1200根长丝并在一起,一般称为丝束、纱或束。飞机结构中用得最多的是用长丝束制成的单向带或织物复合材料。

短切纤维是将长纤维切割而成,其规格不同,则长度不同,通常为 2～80 mm。在复合材料中,主要用于填充增强树脂性能。

单向带在树脂基体中沿单一方向排列而成,由很少、很细的纬线固定,通常以预浸料的形式提供,树脂的作用是将纱粘在一起。织物是由纱、纤维或长丝织成的材料。经纱是沿纵向的长纱,大致平行于卷料的展开方向,一般经线方向设为零度。在编织图案里,通常纬纱垂直于经纱,经纱的数量通常多于纬纱,经向的材料强度大于纬向,因此在复合材料中一定要正确识别经纬方向。

复合材料的增强材料主要以纤维形态出现,增强纤维材料的主要品种有碳纤维、芳纶纤维、玻璃纤维、硼纤维和碳化硅纤维等。

1. 碳纤维

在高性能复合材料结构中,碳纤维是最普遍使用的纤维类型。碳纤维是由有机纤维经固相反应转变而成的纤维状聚合物碳,它不属于有机纤维范畴,但从制备方法上,它又不同于普通无机纤维。碳纤维性能优异,不仅质量小、比强度大、模量高、无蠕变、抗疲劳,而且耐热性高且化学稳定性好(除硝酸等少数强酸外,几乎对所有药品均稳定,对碱也稳定)。其制品具有非常优良的 X 射线透过性、阻止中子透过性,以及导电性和导热性。碳质量分数 95% 左右的称为碳纤维,碳质量分数 99% 左右的称为石墨纤维。以碳纤维为增强剂的复合材料具有比钢强、比铝轻的特性,是目前最受重视的高性能材料之一。

1)碳纤维的制备

碳纤维是由聚丙烯腈纤维、沥青纤维或黏胶纤维等原料经预氧、碳化等工艺过程制得的纤维。

目前世界上生产销售的碳纤维绝大部分都是用聚丙烯腈纤维原料制得的。聚丙烯腈纤维经预氧化和碳化等工艺制得碳纤维,如果再经过石墨化工艺即可得到石墨纤维。石墨纤维的含碳量超过 99%,图 1-10 所示为聚丙烯腈制备碳纤维工艺流程示意图。

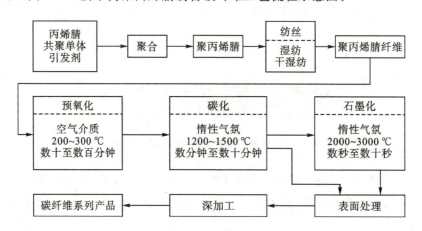

图 1-10 聚丙烯腈制备碳纤维工艺流程示意图

预氧化是将聚丙烯腈纤维原料在空气中加热,并在 200~300 ℃ 中维持数十至数百分钟的过程。预氧化的目的是使聚丙烯腈纤维的线型分子链转化为耐热的梯形结构,以使其在高温碳化时不熔不燃,保持纤维状态。

碳化是将经预氧化的聚丙烯腈纤维放在惰性气体中加热至 1200~1500 ℃,并维持数分钟至数十分钟,制成碳纤维产品的过程;所用的惰性气体可以是高纯的氮气、氩气或氦气,但一般多用高纯氮气。

石墨化是在聚丙烯腈纤维碳化的基础上,再在惰性气体中加热至 2000～3000 ℃,维持数秒至数十秒,制得石墨纤维的过程。

2) 碳纤维的分类

当前国内外已商品化的碳纤维种类很多,通常按照碳纤维的性能和用途进行分类。

根据碳纤维的力学性能可分为通用型碳纤维、高强度碳纤维、中模量碳纤维、中模量高强度碳纤维和高模量碳纤维等。

通用型碳纤维强度为 1000 MPa,模量为 100 GPa 左右;高强度碳纤维,其强度为 2000 MPa,模量为 250 GPa 左右;高模量碳纤维,其模量达到 300 GPa 以上。强度大于 4000 MPa 的碳纤维又称为超高强度碳纤维;模量大于 450 GPa 的碳纤维又称为超高模量碳纤维;随着航天和航空工业的发展还出现了高强高伸型碳纤维,高强高伸型碳纤维不仅强度高,而且塑性好,其延伸率大于 2‰。

根据碳纤维用途可分为承力结构用碳纤维、耐火焰碳纤维、导电用碳纤维和耐磨用碳纤维等。

3) 碳纤维的性能及其应用

碳纤维的密度为 $1.5～2.0$ g/cm^3,除了与原丝结构有关外,还主要取决于碳化处理的温度。一般经过高温(3000 ℃)石墨化处理,密度可达 2.0 g/cm^3。碳纤维具有低密度、高强度、高模量、耐高温、抗化学腐蚀、低电阻、高热传导系数、低热膨胀系数、耐辐射等特性,此外还具有纤维的柔顺性和可编性,比强度和比相量优于其他无机纤维。碳纤维复合材料还具有非常优良的X射线的透过性、阻止中子透过性、还可赋予塑料导电性和导热性。碳纤维的缺点是性脆,抗冲击性和高温抗氧化性差。

复合材料中的碳纤维实际上是纤维丝束。飞机结构上使用的碳纤维复合材料的碱纤维丝束一般含有 1000～12 000 根纤维。纤维的根数仅表示每个丝束的粗细,其机械性能一般不受丝束大小的影响。飞机常用碳纤维的品种与性能见表 1-4。

表 1-4 飞机常用碳纤维的品种与性能

纤维牌号	密度/(g·cm^{-3})	拉伸强度/MPa	拉伸模量/GPa	断裂伸长/%
T300	1.76	3530	230	1.5
T300J	1.82	4410	230	1.9
T400H	1.80	4410	250	1.8
T700S	1.82	4800	230	2.1
T800H	1.81	5900	294	1.9

续表

纤维牌号	密度/(g·cm^{-3})	拉伸强度/MPa	拉伸模量/GPa	断裂伸长/%
T1000	1.82	7060	294	2.4
T1000G	1.80	6370	294	2.1
M35J	1.75	5000	343	1.6
M40J	1.77	4400	377	1.2
M46J	1.84	4200	436	1.0
M50J	1.87	4020	475	0.8
M55J	1.93	3630	540	0.7
M60J	1.94	3820	588	0.7
M30	1.7	3920	294	1.3
M40	1.81	2740	392	0.7
M46	1.88	2550	451	0.6
M50	1.91	2450	490	0.5

碳纤维可加工成织物、毡、席、带、纸及其他材料。在飞机结构中，碳纤维既可以用于飞机的次承力构件，如方向舵、起落架、扰流板、副翼、发动机舱、整流罩和机舱地板等，也可以用于飞机的主承力构件，如主翼、尾翼和机体等。

2. 芳纶纤维

1) 芳纶纤维的定义

芳纶纤维是由芳香族聚酰胺树脂纺成的纤维，是一种有机合成的低密度高性能纤维，国外也称为"芳酰胺纤维"。芳纶纤维就是目前已工业化生产并广泛应用的聚芳酰胺纤维，在复合材料中应用最普遍的是聚对苯二甲酰对苯二胺(PPTA)纤维。

2) 芳纶纤维的性能及应用

芳纶纤维具有优异的拉伸强度和拉伸模量，优良的减震性、耐磨性、耐冲击性、抗疲劳性、尺寸稳定性、耐化学腐蚀性(但不耐强酸和强碱)，低膨胀(长度方向热膨胀系数很低，但直径方向热膨胀系数较大)、低导热、不燃不熔、电绝缘、能透电磁波，以及密度小等优点。

芳纶纤维在真空中的长期使用温度为160 ℃，温度低至-60 ℃也不变脆。芳纶纤维的单丝强度可达3773 MPa；254 mm的纤维束的拉伸强度为2744 MPa，大约为铝的5倍。芳纶纤维的耐冲击性大约为石墨纤维的6倍、硼纤维的3倍、玻璃纤维的0.8倍。芳纶纤维的断裂伸长在3%左右，接近玻璃纤维，高于其他纤维。用它与碳纤维混杂将能大大提高纤维复合材料的冲击性能。

芳纶纤维的缺点是热膨胀系数具有各向异性,耐光性差,暴露于可见光和紫外线时会产生光致降解,使其发生力学性能下降和颜色变化的情况,溶解性差,抗压强度低,吸湿性强,吸湿后纤维性能变化大。因此应密封保存,在制备复合材料前应增加烘干工序。

目前,芳纶纤维主要的产品牌号是美国杜邦公司生产的凯芙拉(Kevlar)系列产品,Kevlar 纤维的品种很多(20 多种),常用的有 Kevlar-29、Kevlar-49 和 Kevlar-149,其基本性能见表 1-5。

表 1-5 芳纶纤维的基本性能

牌号	拉伸强度/MPa	拉伸模量/GPa	断裂伸长/%	吸湿率/%
Kevlar-29	2970	36.7	3.6	7
Kevlar-49	3620	125	2.5	3.5
Kevlar-149	3433	165	1.8	1.1

Kevlar-29 主要用作轮胎帘子线,Kevlar-49 和 Kevlar-149 可用在飞机的结构上。

Kevlar-49 纤维具有抗拉强度高、弹性模量高、韧性好,以及各向异性等力学特性。但它的抗压性能和抗扭性能较低。Kevlar-49 吸潮后,纤维强度会降低。Kevlar-49 具有良好的耐低温性,但在高温下耐热老化性能不够理想。另外,Kevlar-49 受光和燃油的作用,也会导致强度下降。

Kevlar-149 纤维在抗吸潮性能方面优于 Kevlar-49。芳纶纤维在湿热环境下,其性能有明显的下降,一般不用于飞机主承力结构。

芳纶纤维一般与碳纤维混杂使用,作为航空航天用复合材料的增强材料,应用于航天领域的火箭发动机壳体、压力容器、宇宙飞船的驾驶舱,航空领域的各种整流罩、窗框、天花板、隔板、地板、舱壁、舱门、行李架、座椅、机翼前缘、方向舵、安定面翼尖、尾锥和应急出口系统构件等。而以芳纶-环氧无纬布和薄铝板交叠铺层,经热压而成的超混合复合层板是一种具有许多超混杂优异性能的新型航空结构材料。它的比强度和比模量都高于优等铝合金材料,疲劳寿命是铝的 100~1000 倍,阻尼和隔音性能也较好,机械加工性能比芳纶复合材料好。芳纶纤维还可作为航空航天领域的耐热、隔热材料,如芳纶短切纤维增强的三元乙丙橡胶基复合材料的软片或带材,可作为发动机的内绝热层。

3. 玻璃纤维

1)玻璃纤维及其种类

玻璃纤维是由玻璃原料加热熔融后,按照一定的工艺拉丝制成直径为几微米到二十几微米的纤维。玻璃纤维的种类较多,常用的有 E 玻璃纤维、C 玻璃纤维和 S 玻璃纤维。

E 玻璃纤维是一种无碱玻璃纤维。这种纤维强度较高,耐热性和电性能优良,能耐大气腐蚀，化学稳定性也好（但不耐酸），其最大的特点是电性能好，因此，E 玻璃纤维也被称为"电气玻璃"。国内外广泛使用 E 玻璃纤维作为复合材料的原材料。C 玻璃纤维是中碱玻璃纤维，其特点是化学稳定性好，特别是耐酸性优于 E 玻璃纤维，但机械强度低于 E 玻璃纤维 10%～20%。S 玻璃纤维为高强度玻璃纤维，具有高拉伸强度。

E 玻璃纤维具有较高的拉伸强度，耐热性和电性能优良，化学稳定性较好（但不耐酸），符合飞机电磁使用要求，在飞机上主要用于雷达天线罩结构。C 玻璃纤维的主要特点是耐酸性好，但强度不如 E 玻璃纤维高，在飞机上主要用于防腐区域。S 玻璃纤维具有高拉伸强度，在飞机上用于有强度要求的结构部分。

此外，以玻璃纤维的外观分类，有长纤维、短纤维、空心纤维和卷曲纤维等。

2）玻璃纤维的性能及应用

玻璃纤维具有拉伸强度高、耐高温、电绝缘、透波性好和不吸潮等一系列优良的性能。它的缺点是性脆且对人的皮肤有刺激性。

(1) 力学性能。玻璃纤维的拉伸强度较高，但模量较低。玻璃纤维直径越细，强度越大；玻璃纤维越长，强度越小；含碱量越高，强度越小。玻璃纤维的弹性模量约为 7×10^4 MPa，与铝相当，只有普通钢的三分之一，这是玻璃纤维的缺点之一，且玻璃纤维的耐磨性和耐折性差。

(2) 热性能。玻璃纤维的导热系数只有 0.03，玻璃纤维是一种优良的绝热材料，但其耐热性较高，软化点为 550～580 ℃，其热膨胀系数为 4.8×10^{-6}。

(3) 化学稳定性。玻璃纤维除氢氟酸（HF）、浓碱（NaOH）、浓磷酸外，对所有化学药品和有机溶剂有很好的化学稳定性。

4. 其他增强纤维材料

1）硼纤维

硼纤维是一种将硼元素通过高温化学气相法沉积在很细的钨丝或碳丝表面制成的高性能增强纤维，直径通常为 100 μm 左右。硼纤维通常具有强度高、弹性模量高等特点。

以钨丝为芯材的硼纤维是以钨丝作为芯子，通电加热，在氢气（H_2）和三氯化硼（BCl_3）混合气体中，置换出的无定形的硼便沉积在钨丝上，形成硼-钨丝芯的硼纤维。以碳丝为芯材的硼纤维其制备原理与以钨丝为芯材类似，通过专用设备将硼沉积在碳丝上。

硼纤维很脆，抗拉强度约为 3500 MPa，弹性模量约为 400 GPa，密度只有钢材的 1/4，抗压缩性能好；在惰性气体中，高温性能良好；在空气中超过 500 ℃时，强度显著降低。硼纤维的性能见表 1-6。

表 1-6 硼纤维的性能

纤维类别	直径/μm	密度/(g·cm^{-3})	拉伸强度/MPa	拉伸模量/GPa
硼-钨芯	100	2.59	3400	400
硼-钨芯	140	2.46	3600	400
硼-钨芯	200	2.40	3600	400
硼-碳芯	100	2.22	4000	360
硼-碳芯	140	2.27	4000	360

硼纤维主要用于聚合物基和铝基复合材料。硼纤维作为复合材料增强纤维,其主要用途是制造对质量和刚度要求高的航空、航天飞行器的部件。如硼/铝复合板材,其纤维体积含量达 50% 时,在增强方向上抗拉强度达 1500 MPa,弹性模量 200 GPa,密度约为 2.6 g/cm³。由于其具有高比强度和比模量,在航空航天和军工领域获得广泛应用。硼纤维活性大,在制作复合材料时易与基体相互作用,影响材料的使用,故通常在其上涂敷碳化硼、碳化硅等涂料,以增强其惰性。硼纤维复合材料也可用于制作飞机垂尾、机翼部件、起落架舱门,以及一些型材等,缺点是硼纤维的成型和加工性不好,价格高。

2) 陶瓷纤维

陶瓷纤维是一种纤维状轻质耐火材料,具有重量轻、耐高温、热稳定性好、导热率低、比热小、耐机械振动等优点,因而在机械、冶金、化工、石油、陶瓷、玻璃、电子等行业都得到了广泛的应用。

在航空航天领域,主要利用陶瓷优异的耐高温性能,作为金属机体的增强材料,制作在高温环境下工作的航空航天零部件,如涡轮、燃烧室的衬套、喷嘴、防火墙等。

但陶瓷材料脆性大,经受不住机械冲击和热冲击,因此如何增加陶瓷纤维的韧性和提高高温断裂强度是发展高温陶瓷材料的两大难题。在增韧方面,目前 $SiCr/SiC$,$SiCw/Si_3N_4$ 热压等复合材料的研究已取得进展,高温断裂强度可分别达到 750 MPa 和 800 MPa,并已用于制造高性能燃气喷管和导弹喷管。另外,晶须增强陶瓷也被认为是很有希望提高断裂韧性的材料。

3) 碳化硅纤维

碳化硅纤维是以有机硅化合物为原料,经纺丝、碳化或气相沉积而制得的具有 $\beta-SiC$ 微晶结构的无机纤维,属陶瓷纤维类。从形态上分有晶须和连续纤维两种。晶须是一种单晶,碳化硅的晶须直径一般为 $0.1\sim2~\mu m$,长度为 $20\sim300~\mu m$,外观是粉末状。连续纤维是碳化硅包覆在钨丝或碳纤维等芯丝上而形成的连续丝或纺丝和热解而得到纯碳化硅长丝。

碳化硅纤维的最高使用温度达 1200 ℃,其耐热性和耐氧化性均优于碳纤维,强度达 1960～4410 MPa,在最高使用温度下强度保持率在 80% 以上,模量为 176.4～294 GPa,化学稳定性也比较好。

碳化硅纤维主要用作耐高温材料和增强材料,耐高温材料包括热屏蔽材料、耐高温输送带、过滤高温气体或熔融金属的滤布等。用作增强材料时,常与碳纤维或玻璃纤维合用,以增强金属(如铝)和陶瓷为主,如做成喷气式飞机的刹车片、发动机叶片齿轮箱和机身结构材料等。碳化硅纤维制备工艺复杂,导致其成本较高、价格昂贵,应用并不广泛。

各种纤维增强材料综合性能的比较,见表1-7。

表1-7 各种纤维综合性能的比较

纤维	成本	密度	刚度	强度	韧性	耐热	抗冲击
E玻璃纤维	低	高	差	中	良	良	良
S玻璃纤维	低	中	中	良	良	优	良
芳纶纤维	中	低	良	良	优	差	优
碳纤维	高	低	优	优	差	良	差
硼纤维	高	高	优	优	差	优	良

2.2 复合材料的基体材料

复合材料的基体材料是复合材料中的连续相。基体在复合材料中的作用主要包括:①通过界面将纤维增强材料黏结成整体形成复合材料。②分配纤维间的载荷。基体材料以剪应力的形式向纤维传递载荷,支撑增强纤维的受力,并在承受压缩载荷时防止由于纤维微屈曲造成过早的破坏。③保护增强纤维不受外界环境侵蚀的作用。基体还像隔膜一样将纤维彼此隔开,即使个别纤维断裂,裂纹也不会迅速从一根纤维扩展到其他纤维,起一定的保护作用。此外,基体将纤维按一定的排列规则胶接在一起,使纤维免受环境影响。复合材料的韧性、损伤容限、耐冲击、耐磨损和环境耐受能力等主要取决于基体。复合材料的横向拉伸性能、压缩性能、剪切性能、耐热性能、耐湿性、氧化稳定性和耐介质性能等也与基体有着密切关系。基体材料主要成分决定复合材料的性能、成型工艺及价格。飞机复合材料所用的基体材料主要有聚合物基体和金属基体两大类。

1. 聚合物基体

聚合物材料又称高分子材料,是以高分子化合物为基本组分,配以添加剂,经加工而成的有机合成材料。聚合物材料具有密度小、比强度高、耐腐蚀、电绝缘和可塑性好等优良性能。聚合物基体包括热固性树脂和热塑性树脂,前者形成热固性复合材料,后者形成热塑性复合材料。航空航天用复合材料目前以热固性居多。热塑性复合材料有更好的耐温性能和韧性,便于整体成型和加工,但成型温度高,生产成本高,发展应用受到一定限制。

热固性树脂通常为分子量较小的合成树脂(固态或液态)在加热、固化剂或紫外光等作用下,发生交联反应并经过凝胶化阶段和固化阶段形成不熔且不溶的固体材料。热固性树脂耐温性较高,尺寸稳定性也好,但是它一旦固化变硬,加热不会使它软化,即使加热至燃烧也不会使它软化变回液态,因而热固性树脂一旦成型后就无法重复加工成型。热固性树脂在初始阶段流动性很好,容易浸透增强体,同时工艺过程也比较容易控制。因此作为复合材料基体材料应用广泛,常用的热固性树脂有环氧树脂、酚醛树脂、聚酰亚胺树脂和双马来酰亚胺树脂(BMI)等。

热塑性聚合物是指具有线型或支链型结构的那一类有机高分子化合物,这类聚合物可以反复受热软化(或熔化),冷却后变硬。热塑性聚合物在软化或熔化状态下,可以进行模塑加工,当冷却至软化点以下时能保持模塑成型的形状。热塑性聚合物在加热到一定温度时可以软化甚至流动,从而在压力和模具作用下成型,并在冷却后硬化固定。这类聚合物一般软化点较低,容易变形,可重复加工使用。可以作复合材料的热塑性聚合物品种很多,包括各种通用塑料(如聚丙烯、聚氯乙烯等),工程塑料(如尼龙、聚碳酸酯等)和特种高温聚合物(如聚醚醚酮、聚醚砜和杂环类聚合物等)。

另外,聚合物基体按固化温度可分为低温固化树脂(固化温度在 80 ℃以下)、中温固化树脂(固化温度在 125 ℃以下)和高温固化树脂(固化温度在 170 ℃以下)。按用途可分为结构用树脂、内装饰用树脂、雷达罩用树脂和耐烧蚀性(或阻燃性)树脂等。按加工工艺可分为热压罐成型用树脂、树脂转移成型(RTM)专用树脂、树脂膜熔渗(RFI)专用树脂、纤维缠绕用树脂、拉压和模压用树脂与低温低压固化(LTM)树脂等。各类树脂基体的使用温度范围,见表 1-8。

表 1-8 各类树脂基体的使用温度范围

树脂基体	树脂种类		使用温度/℃
热固性树脂	环氧树脂	120 ℃固化	-55~82
		180 ℃固化	-55~105;-55~120
	双马来酰亚胺树脂		-60~177;-60~232
	聚酰亚胺树脂		-60~250;短期达 315
	酚醛树脂		-55~140;-55~177;-55~260
热塑性树脂	聚醚醚酮		250
	聚苯硫醚		200
	聚醚砜		180
	聚砜		170

1) 环氧树脂

环氧树脂是最早用于飞机结构复合材料的树脂基体,也是在飞机结构用复合材料中应用最多的。环氧树脂的种类很多,适合作为复合材料基体的环氧树脂有双酚 A 环氧树脂、多官能团环氧树脂和酚醛环氧树脂三种。其中多官能团环氧树脂的玻璃化温度较高,因而耐温性能好;酚醛环氧树脂固化后的交联密度大,因而力学性能较好。环氧树脂与增强体的黏结力强,固化时收缩少,基本上不放出低分子挥发物,因而尺寸稳定性好。但环氧树脂的耐温性不仅取决于本身的结构,在很大程度上还依赖于使用的固化剂和固化条件。例如用脂肪族多元胺作为固化剂可低温固化,但耐温性很差;如果用芳香族多元胺和酸酐作固化剂,并在高温下固化(100～150 ℃)和后固化(150～250 ℃),则最高可耐 250 ℃ 的温度。实际上,环氧树脂基复合材料可在 -55～177 ℃ 范围内使用,耐湿热性能较好。增韧环氧的韧性好,CAI 值(冲击后压缩强度)可高达 300 MPa 以上,与各种纤维的匹配性好,成型工艺优良;机械加工性、制孔、切削性良好,并有很好的耐化学腐蚀性和电绝缘性。

2) 酚醛树脂

酚醛树脂是以酚类化合物、醛类化合物作原料,在催化剂的作用下缩聚而成的高分子化合物,其中以苯酚和甲醛缩聚的酚醛树脂最为常用。

酚醛树脂大体分为热固性和热塑性两大类。热固性酚醛树脂是由苯酚在碱性条件下与过量的甲醛发生反应合成,热塑性酚醛树脂是苯酚在酸性条件下与少量的甲醛反应合成。

酚醛树脂原为无色或黄褐色透明物,市场销售的往往因加着色剂而呈红、黄、黑、绿、棕、蓝等颜色,其一般呈颗粒状、粉末状。酚醛树脂具有优良的耐酸性能、耐热性能、耐烧蚀性能、电绝缘性能和阻燃性能。燃烧时的烟密度较低、毒性较小。另外,还具有固化速度快、原材料来源广、价格较低等优点,但是较脆。普通酚醛树脂在 200 ℃ 以下能够长期稳定使用。酚醛树脂复合材料主要用作隔热材料、耐烧蚀材料,广泛用于制作飞机、舰船、火车和汽车内部装饰的结构部件。

3) 热固性聚酰亚胺树脂

聚酰亚胺聚合物有热固性和热塑性两种,均可作为复合材料基体。在目前应用的各种树脂中,热固性聚酰亚胺树脂的耐高温性能最好,具有"耐高温树脂"之称。热固性聚酰亚胺树脂可在 250～300 ℃ 长期使用,也可在 350 ℃ 短期使用,耐辐射、耐电性能较好,但其成型温度与成型压力高,韧性差、质脆,给制件成型带来困难。聚酰亚胺复合材料适合制作耐热的结构材料,如发动机尾喷口区域的热端零件等。

4) 双马来酰亚胺树脂

双马来酰亚胺树脂是由聚酰亚胺树脂体系派生的另一类树脂体系,是以马来酰亚胺为活性端基的双官能团化合物,有与环氧树脂相近的流动性和可模塑性,可用与环氧树脂类同的一般方法进行加工成型,克服了环氧树脂耐热性相对较低的缺点,因此近 20 年来被广泛应用于航空、航天领域中,作为复合材料的树脂基体、耐高温绝缘材料和胶黏剂等。双马来酰亚胺是耐高温的树脂基体,其最高使用温度可达260 ℃,可以制作成具有高温要求的复合材料部件。此类树脂具有良好的力学性能,良好的化学稳定性、电绝缘性、透波性、耐火性、阻燃性、耐辐射性、尺寸稳定性。

与环氧树脂相比,双马来酰亚胺树脂工艺性能较差,如预浸料的铺覆性和黏性差一些,而且固化成型时需要较高的温度和压力(185 ℃ 开始固化,并要求 200～230 ℃ 后处理;固化时间长达 6 h 以上),储存期短(室温下储存期为 15～21 d);具有高交联密度而导致本身易碎的特性;双马来酰亚胺树脂基复合材料易发生分层。目前应用在飞机结构上的双马树脂基复合材料大多数都经过改性,使其增加韧性并改善其工艺性能,但同时其使用温度也有所下降。

5)聚醚醚酮树脂

聚醚醚酮树脂是一种半结晶型热塑性树脂,其玻璃化转变温度为 143 ℃,熔点为 343 ℃,结晶度一般为 20%～40%,最大结晶度为 48%,拉伸强度为 132～148 MPa。

聚醚醚酮具有优异的力学性能和耐热性。以聚醚醚酮为基体的复合材料可在 250 ℃ 的高温下长期使用。在室温下,聚醚醚酮的模量与环氧树脂相当,强度优于环氧树脂而断裂韧性极高(比环氧树脂还高一个数量级以上)。聚醚醚酮树脂耐化学腐蚀性与环氧树脂相当,但吸湿性比环氧树脂低得多。聚醚醚酮耐绝大多数有机溶剂和弱碱,除氢氟酸、浓硫酸等个别强酸外,它不为任何溶剂所溶解。此外,聚醚醚酮还具有优异的阻燃性、极低的发烟率和有毒气体释放率,以及极好的耐辐射性。

聚醚醚酮树脂复合材料因其优异的性能,已经在飞机结构中大量使用。碳纤维增强聚醚醚酮单向预浸料的耐疲劳性超过环氧/碳纤维复合材料,耐冲击性好,在室温下,具有良好的抗蠕变性,层间断裂韧性很高(大于或等于 1.8 kJ/m^2)。

6)聚苯硫醚树脂

聚苯硫醚树脂是一种新型高性能热塑性树脂,也是一种综合性能优异的特种工程塑料。聚苯硫醚具有优良的耐高温、耐腐蚀、耐辐射、阻燃、均衡的物理机械性能和极好的尺寸稳定性,以及优良的电性能等,被广泛用作结构性高分子材料,通过填充、改性后广泛用作特种工程塑料。同时,还可制成各种功能性的薄膜、涂层和复合材料,在电子电器、航空航天、汽车运输等领域获得成功应用。

聚苯硫醚的熔体黏度低,易于通过预浸料、层压制成复合材料。但是,在高温下长期使用,聚苯硫醚会被空气中的氧氧化而发生交联反应,结晶度降低,甚至失去热塑性。

7)聚醚酰亚胺树脂

聚醚酰亚胺树脂是一种非晶体型高性能热塑性树脂,其密度是 $1.28～1.42 \text{ g/cm}^3$。聚醚酰亚胺树脂具有优良的机械强度、电绝缘性能、耐辐射性、耐高低温及耐疲劳性能和成型加工性。聚醚酰亚胺树脂在高温下具有高强度、高刚性、耐磨性和尺寸稳定性,其热变形温度为 198～208 ℃,可在 160～180 ℃ 下长期使用,允许间歇最高使用温度为 200 ℃。

聚醚酰亚胺具有很宽范围的耐化学性,包括耐多数碳氢化合物、醇类和所有卤化溶剂,也可耐无机酸且短期耐弱碱。聚醚酰亚胺因其优良的综合平衡性能，广泛应用于电子、电机和航空等工业部门，并用作传统产品和文化生活用品的金属代用材料。

在电气、电子工业部门，聚醚酰亚胺材料制造的零部件获得了广泛的应用，包括强度高且尺寸稳定的连接件、普通和微型继电器外壳、电路板、线圈、软性电路、反射镜、高精密度光纤元件。用聚醚酰亚胺取代金属材料制造光纤连接器，可使元件结构最佳化，简化其制造和装配步骤，保持更精确的尺寸，从而保证最终产品的成本降低约40%。

聚醚酰亚胺符合 FAA 对飞机内饰件阻燃性和热释放性等的要求，既可以制成板材也可以加工成纤维布，广泛应用于飞机内饰件上。如耐冲击性板材 Ultem1613 用于制飞机的各种零部件，如舷窗、座椅靠背、内壁板、门覆盖层及供乘客使用的各种物件。聚醚酰亚胺和碳纤维组成的复合材料已用于最新直升机各种部件的结构。聚醚酰亚胺泡沫塑料，还可用作绝热和隔音材料。

8）聚醚砜树脂

聚醚砜是一种非晶聚合物，其玻璃化转变温度高达225 ℃，可在180 ℃温度下长期使用，在 −100～200 ℃温度区间内，其模量变化很小，特别是在100 ℃以上时比其他热塑性树脂都好；耐150 ℃蒸汽、耐酸碱和油类，但可被浓硝酸、浓硫酸、卤代烃等腐蚀或溶解，在酮类溶剂中开裂。聚醚砜基复合材料通常用溶液预浸或膜层叠技术制造。由于聚醚砜的耐溶剂性差，限制了其在飞机结构等领域的应用，但聚醚砜基复合材料在电子产品、雷达天线罩等方面得到了大量的应用。

2. 金属基体

飞机结构用金属基复合材料的基体可分为轻金属基体和耐热合金基体两大类。轻金属基体主要包括铝基和镁基复合材料，使用温度在450 ℃左右。钛合金及其钛铝金属间化合物作基体的复合材料，具有良好的高温强度和室温断裂性能，同时具有良好的抗化、抗蠕变、耐疲劳、耐高温等性能，适合作为航空航天发动机中的热结构材料，工作温度在650 ℃左右，而镍、钴基复合材料可在1200 ℃使用。

以金属作为基体材料的金属基复合材料与有机复合材料相比，具有更高的强度、刚度和韧性，可承受更高的温度，有良好的导热性和导电性，防燃、不吸潮，可采用常规金属的连接技术等优点。

1）用于450 ℃以下的金属基体

目前研究发展最成熟、应用最广泛的金属基复合材料是铝基和镁基复合材料，可用于航天飞机、人造卫星、空间站、汽车发动机零件等，并已形成工业规模化生产。连续纤维增强金属基复合材料选用纯铝或合金元素少的单相铝合金，而颗粒、晶须增强金属基复合材料则选用具有高强度的铝合金。

2）用于450～700 ℃的金属基体

钛合金具有密度小、耐腐蚀、耐氧化、强度高等特点，可以在450～650 ℃使用，用于制作航空发动机中的零件。采用高性能碳化硅纤维、碳化钛纤维、硼化钛颗粒增强钛合金，可以获得更高的高温性能。美国已成功地试制成碳化硅纤维增强钛基复合材料，用它制成的叶片和传动轴等零件可用于高性能航空发动机。

3)用于 1000 ℃ 以上的金属基体

用于 1000 ℃ 以上的高温金属基复合材料的基体材料主要是镍基、钛基耐热合金和金属间化合物,较成熟的是镍基、钛基高温合金。

金属间化合物具有特殊的物理化学性质和力学性质,且种类很多,Ti-Al、Ni-Al、Fe-Al 等含铝金属间化合物已逐步达到实际应用水平,有望在航空航天、交通运输、化工、兵器、机械等工业中应用。

镍基高温合金是广泛使用于各种燃气轮机的重要材料。用钨丝、钍钨丝增强镍基合金可以大幅提高其高温持久性能和高温蠕变性能,一般可提高 100 h。持久强度变为 1~3 倍,主要用于高性能航空发动机的叶片等重要零件。

2.3 复合材料的预浸料

目前,飞机结构上的大多数板壳构件是通过一层一层地铺叠预浸料,然后在真空袋、模压机或热压罐中成型的。预浸料是用树脂基体在严格控制的条件下浸渍连续纤维或织物形成树脂基体和增强体的组合物,是制造复合材料的中间材料。预浸料是复合材料制造中最常用的原材料形式,复合材料结构修理中会用到各种形式的预浸料。复合材料力学性能的可设计性正是通过每一单层(预浸料)中纤维的排列方向和各单层的取向来实现的。因此,复合材料的力学性能在很大程度上也取决于预浸料的质量。

1. 预浸料的分类

预浸料按照纤维的排列形式,分为单向预浸料和编织预浸料。单向预浸料又称单向预浸带,由树脂浸渍单向长纤维,或含少量纬向纤维的经向纤维而成。因宽度、树脂种类、含量和单位面积的质量不同而有不同的品种和规格。国内多用的单向预浸料如图 1-11 所示,这种预浸料固化后的单层厚度有 0.125 mm 和 0.150 mm 两种。

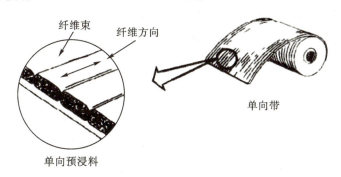

图 1-11 单向预浸料

编织预浸料是先将纤维按一定比例分配为经向和纬向,并编织成织物形式如平纹、斜纹和缎纹编织等,然后再在织物上浸涂树脂。织物预浸料有良好的铺叠性,便于制造形状复杂的复合材料结构,抗断裂和层间分离能力强,制件的损伤容限较高。因为织物预浸料主要用于手工铺叠材料,因此一般以宽卷提供,最大宽度可达 1524 mm,以此减少制件内部的铺层拼接数量。编织预浸料的厚度一般大于单向预浸料的厚度。

2. 预浸料的特点

预浸料的品种和性能由树脂基体和纤维的类型确定。预浸料的规格则由其宽度、树脂含量和单位面积的纤维质量确定。预浸料的树脂处于 B 阶段。根据树脂的黏性和流动的状态,树脂分为三个阶段,"A"阶段、"B"阶段和"C"阶段。"A"阶段的树脂流动性好,可涂抹且黏性较好。"B"阶段的树脂处于半干状态且黏性较好。"C"阶段的树脂处于固化状态,失去黏性。预浸料常以卷材和板材形式密封于聚乙烯塑料袋内,低温运输和储存。低温储存是为了保持预浸料处于"B"阶段。预浸料的通用规格见表 1-9。

表 1-9 预浸料的通用规格

单向预浸料	宽度/mm	75	150	300	600	1200	1500
	长度/m	100~250					
编织预浸料	宽度/mm	300	900	1000	1200	1500	
	长度/m	50~100					

预浸料还具有以下主要特点:

(1)预浸料的原材料、产品均经过严格的质量控制,产品性能稳定、质量可靠。

(2)树脂基体和纤维的比例可以调节,树脂和纤维的含量容易控制,能充分利用各向异性的特点进行铺层设计。

(3)易制成孔隙含量低、高品质的复合材料。

(4)制造过程易于实现工业自动化,改善了生产环境。

(5)要保持在低温条件(-25 ℃~-18 ℃)下进行运输和储存。

(6)对树脂的选择有一定的范围,价格较高。

3. 预浸料的制备方法

1)湿法制备预浸料

用溶液状态的树脂浸渍纤维制备预浸料(半固化片)的方法称为湿法。采用湿法制备预浸料时,树脂含量与溶液浓度、纤维张力、在溶液中停留的时间、溶液对纤维的浸润能力,以及纤维是否"加捻"等因素有关。湿法操作简便,但树脂含量一般难于精确控制。用湿法制备预浸料的工艺过程,如图 1-12 所示。将树脂基体各组分按规定的比例溶解到低沸点的溶剂中,形成一定浓度的溶液,然后纤维通过树脂胶液浸胶,经烘干除去溶剂即得预浸料,这种方法也称溶液浸渍法。溶液浸渍法的优点是树脂对纤维浸透性好、预浸料厚度范围宽、设备造价低,但溶液法制备的预浸料挥发分含量高、易造成环境污染和安全问题。

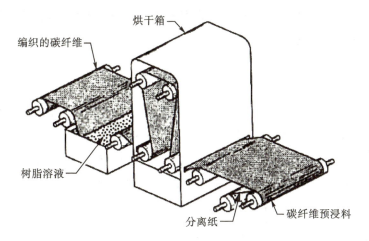

图 1-12 湿法制备预浸料

预浸料表面通常有一层分离纸,分离纸的作用是防止预浸料被污染,又可为在预浸料上画线(以利于剪裁)提供方便。分离纸还可防止单向预浸料横向开裂。

分离纸应易于与预浸料分离,且不与树脂发生化学反应或污染树脂;在环境温度湿度发生变化时,分离纸的长度、宽度都应保持不变,以免预浸料起皱;分离纸应有足够的致密度,防止水分进入预浸料中,分离纸的伸长率应与纤维的伸长率保持一致,以免受牵引时预浸料变形或扭曲,分离纸的厚度和单位面积的质量应均匀一致,否则预浸料中树脂的含量就不易精确控制。

2)干法制备预浸料

树脂以无溶剂或低溶剂状态与纤维接触制备预浸料的方法称为干法。用干法制备预浸料的工艺流程,如图 1-13 所示。热熔状态的树脂涂在分离纸上,形成一层薄薄的树脂膜,待树脂膜厚度均匀后就与被加热的平行排列的纤维束相遇,在滚压机的压力作用下,就形成了预浸料。

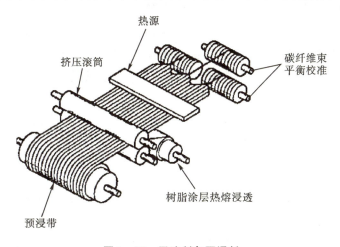

图 1-13 干法制备预浸料

用干法制备预浸料时,树脂含量可以精确控制,能制备胶含量低的预浸料,从而省去了消耗性的排胶和吸胶等辅助材料。此外,由于树脂中不含溶剂或含少量溶剂,从而避免造成复合材料层间剪切强度下降的隐患。

2.4 复合材料结构用胶黏剂

胶黏剂是指能将至少两个表面持久有力地固定在一起的物质。用于复合材料结构胶接的胶黏剂通常需要在室温或指定的温度下固化即通常为热固性胶黏剂。胶黏剂的结构多种多样。但在复合材料结构胶接过程中通常使用的主要有环氧、酚醛、聚酰亚胺、双马来酰亚胺类。通常情况下胶黏剂主要成分的种类与复合材料的基体主要成分的种类应保持一致,即环氧树脂基体的复合材料通常采用环氧树脂类的胶黏剂,这样可以在使用环境、胶接质量等方面得到保证。

1. 复合材料结构用胶黏剂的基本要求

复合材料结构用胶黏剂应满足以下基本要求:

(1) 应能提供符合技术要求的胶接强度,主要是剪切强度和剥离强度。

(2) 具有良好的耐热性、耐氧化稳定性、耐介质性和抗疲劳性。

(3) 具有良好的工艺性。这包括对被胶接表面的低敏感性,用于蜂窝结构共固化时的低压可成型性,较长的施工期和储存期,以及适中的、便于浸渍蜂窝的流动性等。

(4) 具有与其他材料(如防腐蚀底胶、泡沫胶、填充料等)的良好相容性。

2. 复合材料结构用胶黏剂的种类和性能

复合材料所用的胶黏剂主要有两大类:一类是双组分胶黏剂主要用于复合材料结构的室温固化(也有少数双组分胶黏剂可用于热胶接固化);另一类是膜状胶黏剂(胶膜),用于热胶接固化。

1) 室温固化的双组分胶黏剂

室温固化双组分胶黏剂是将树脂和固化剂两种主要组分分别装在两个不同的容器中,需要时将它们按一定的比例混合均匀后即可使用的胶黏剂。这种胶黏剂在室温下具有较长的储存期,运输、储存和使用都较为方便。这种室温固化双组分胶黏剂的胶接强度和使用温度都较低,而且耐久性较差,主要用于复合材料结构的临时性修理。有些情况下也可用于永久性修理,如小面积损伤和表面装饰性修理等。

室温固化胶黏剂在固化后,如条件允许,可加热至 80 ℃ 进行后处理,其黏结强度和耐久性可得到显著提高。

2) 中温固化胶黏剂

中温固化胶黏剂的固化温度一般在 120~130 ℃,其使用温度一般为 80 ℃ 左右。

3) 高温固化胶黏剂

固化温度在 100℃ 以上的胶黏剂称为高温固化胶黏剂。高温固化胶黏剂具有较高的力学性能和耐热性,其最高使用温度为 130 ℃ 左右。在民用航空复合材料结构中,最常使用的是单组分中高温固化膜状环氧胶黏剂。

4)发泡胶黏剂

发泡胶黏剂是一种受热使其体积膨胀后再固化产生黏结作用的胶黏剂,它主要是膏状或片状的环氧树脂胶黏剂。不同发泡剂的膨胀率有很大的差别,一般膨胀率在150%~400%。发泡胶黏剂主要用于蜂窝块的拼接、填充蜂窝孔格和带有间隙的两个结构件之间的胶结。

发泡胶黏剂也分中温固化发泡胶黏剂和高温固化发泡胶黏剂两大类。当需要使用发泡胶时,如果胶黏剂用的是中温固化胶黏剂,则发泡胶也得用中温固化发泡胶;如果胶黏剂选的是高温固化胶黏剂,则发泡胶也得用高温固化发泡胶。发泡胶黏剂主要以片状形式供应,也可以粉末状形式供应。

任务实施

原材料不正确的储存和处理方式都会使复合材料的技术性能受到影响,尤其是预浸料、胶黏剂、胶膜等。复合材料的原材料应根据化学材料安全评估报告(MSDS)进行储存和处理、保障材料处于可用及达到预期处理后的使用性能。因此对原材料应严格遵照规定程序进行储存与处理。

复合材料原材料在运输存储过程中,应防止搬运过程中的外力损伤和存储过程中的人为损伤。建议所有材料存储在原厂包装纸箱里,并且保留气密性包装袋上的标识,对于纤维材料禁止尖锐角弯折、起皱痕、刮痕,以及其他导致纤维断裂或损伤的行为。对于特殊材料如预浸料、胶膜和黏结材料(膏状黏结剂和混合黏结剂),供应商必须提供全程干冰储存包装运输,并在标识中注明运输必须尽快完成,还需要运输全程携带温控装置,提供全程持续性时间和温度记录,以确认中转过程存储温度未超出范围。

1. 干纤维织物的存储与处理

干玻璃纤维和干碳纤维须存储在不超过20 ℃的温度环境。存储库房温度必须恒定在合适的范围,且每天必须做两次记录;干芳纶纤维除了上述干玻璃纤维和干碳纤维的温度要求还应当存储在干净、密封的聚亚氨酯袋内,以最大限度减少吸收水分和避免阳光照射,因为受紫外线影响其性能会降低。

2. 预浸料储存与处理

1)预浸料的分装

在很多场合下,购买整卷预浸料不具备可操作性。同样,对于大多数用户而言,并不是每次都将整卷的预浸料在处理寿命期限内一次用完,因此材料可以分切成小包,或者将其分成小包装。

一整卷的材料可能需要耗时8.0 h解冻,解冻小包装的材料而花费的时间可以缩短,可能只需要1.0 h,甚至更短的时间。仅需将需要小包装的材料数量暴露于冰库外供修理用,每一个小包装可以存储在单独的密封袋内,且都有对应的材料信息。

2)预浸料的储存

预浸料通常储存在冰冻条件(-25～-18 ℃)下。每一种预浸料的材料规范都会对其储存条件做出规定,预浸料从冷库中取出后,须待其温度达到室温后方可打开防潮塑料袋,以免在材料上形成冷凝水。材料不用了后,应重新密封并放回冷库(或冰箱)储存。预浸料在冷库内的存放时间和冷库外的存放时间都应认真做好记录。冷库内的储存时间和冷库外的存放时间只要有一项超过其材料规范规定的都不能再使用。图 1-14 所示为预浸料的储存寿命。

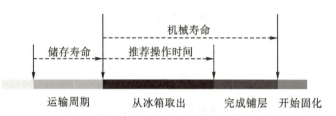

图 1-14 预浸料的储存寿命

3)预浸料的裁剪

裁剪前,应先用丙酮将裁剪样板、钢板尺、剪刀和手工刀等裁剪工具擦拭干净。然后,用锋利的剪刀或手工刀按照要求的纤维方向将预浸料裁剪成一定的形状和尺寸。裁剪时,样板(或钢板尺)与预浸料之间应当用离型纸隔开,以免样板直接接触预浸料而产生黏结现象,不便操作。裁好的预浸料应当在双面带离型纸的情况下平放保存待用。

4)预浸料的铺贴

铺贴预浸料时,应当注意不要使纤维受到弯折、撕裂等损伤或使纤维的排列方向产生偏差。铺贴时,应仔细对准零件图样所要求的纤维方向,并尽可能避免裹入空气。用压辊滚压使其与修理表面或前一层铺层完全贴合,然后将其表面的离型纸或离型塑料薄膜去掉再铺下一层,切不可将离型纸(或塑料薄膜)遗留在两层铺层之间。

3. 胶膜储存与处理

胶膜是一种卷绕在卷筒上并装在防潮塑料袋内的片状胶黏剂,当要求大约在 120 ℃ 和 180 ℃ 固化温度进行热胶接修补时,需要使用这种胶黏剂。

胶膜一般储存在温度冰冻条件(-25～-18 ℃)下。对于每一种胶膜,其材料规范都规定了相应的储存条件,从冰冻条件下取出的材料,必须在温度达到室温后才能开启防潮密封袋,以免在材料上形成冷凝水。材料不用了后,应重新密封并放回冷库(或冰箱)储存。胶膜在冷库内的存放时间和冷库外的存放时间都应认真做好记录。冷库内的储存时间和冷库外的存放时间只要有一项超过其材料规定期限都不能再使用。

胶膜裁切可用锋利的手工刀或剪刀裁切成所需要的形状和尺寸。裁好的胶膜在铺贴之前,应当两面都带原有的离型纸平放保存。

胶膜铺贴时应防止胶膜受弯折面损坏或起皱。铺贴时,先去掉一面的离型纸。然后将这一面小心地铺贴在准备好的修补区域内,并尽可能避免裹入空气。用手或小辊滚压,使胶膜紧贴修补面,直至胶膜与修补面贴牢后再去掉上面的离型纸。

4. 室温固化层压树脂和胶黏剂储存与处理

室温固化层压树脂和胶黏剂由一种基本材料和一种固化剂,即所谓的双组分层压树脂(或双组分胶黏剂)组成。基本材料可以是经过改性或未经改性的膏状或液体状材料,固化剂也是一种膏状或液体状材料。树脂和固化剂一般都分别罐装密封在两个容器中,每次使用时,将树脂或固化剂取出后应立即将容器重新密封好。

树脂和固化剂按比例混合均匀对层合板的质量和胶接质量极为重要,因此在进行树脂和固化剂的称量和混合时必须格外仔细、认真。

1) 室温固化层压树脂和胶黏剂的储存

树脂和固化剂一般都要求低温储存,这一要求和材料的存放寿命在材料规范中都有明确规定,应特别注意,有时候树脂的存储期限会不同于固化剂的保质期限。超过存储期限的材料不得再使用,但经重新取样进行性能测试表明材料的基本性能和工艺性能仍能满足使用要求的材料可继续使用。从低温下取出的材料,必须待温度达到室温后方可打开容器。

2) 室温固化层压树脂和胶黏剂的配制

配制前的准备工作和配制注意事项如下:①修补的全部准备工作已经完成,损伤已经切除,斜面的制备已经按要求完成,并经溶剂擦拭后按要求进行了干燥处理;②存放在低温下的层压树脂或胶黏剂已经提前取出,并已达到室温;③如果是配制层压树脂则增强织物应已经按所要求的面积裁好,并经称量后铺放在工作台上的聚乙烯薄膜上;④称量用的天平(或电子秤)、配胶容器、搅拌棒均已准备好,称量时精确至 0.1 g,含蜡纸杯不能用作配胶容器,搅拌棒需要 4 支,取树脂和固化剂各用 1 支,搅拌用 1 支,涂抹用 1 支;⑤层压树脂或胶黏剂的用量已经按要求计算好,而且所配胶量在其使用活性期内应能用完;⑥树脂和固化剂至少应搅拌 5 min,以使其充分搅拌均匀,特别要注意将容器壁和死角处的树脂或固化剂搅拌均匀;⑦修补完毕后,在层压树脂或胶黏剂固化之前,应及时用溶剂将搅拌棒、配胶容器,以及其他工具设备清洗擦拭干净。

3) 固化

树脂和固化剂一旦混合均匀,必须尽快涂抹在修补区域内或用于浸渍增强织物,而且应确保在其使用活性期内给胶层或层合板施加真空压力使其在真空压力下进行固化。固化时间取决于室温,室温比较低时固化所需要的时间较长;室温较高时则固化所需要的时间较短。如条件允许,可在室温下固化 2~3 h 后将其加热至 80 ℃ 进行后固化,进一步提高修补层的性能和修补质量。

任务 3　飞机复合材料结构成型工艺

任务描述

当增强纤维与树脂体系确定后,复合材料的性能主要取决于成型工艺。成型工艺是将原材料转化为结构,将设计的结构图样转变为实物的必经之路。所谓成型工艺包括两方面的内容:一是成型,就是将预浸料根据产品的要求铺置成一定的形状,一般就是产品的形状;二是进行固化,就是使已铺置成一定形状的叠层预浸料在温度、时间和压力等因素影响下使形状固定下来,并能达到预计的性能要求。

复合材料构件成型最显著的特点是材料的形成与制品的成型同时完成。复合材料成型工艺过程中对工艺参数的控制如成型过程中纤维的预处理(物理或化学方法的处理),纤维的排列,去除气泡的程度,是否挤胶,以及温度、压力、时间控制精确度等都直接影响制品性能。

复合材料成型工艺与复合材料结构修理有着紧密的联系。作为从事复合材料结构维修的人员,必须了解复合材料结构成形的工艺方法及所需的加工成形设备,以便于在实际维修工作中,根据其成型工艺,选用正确的维修方法。

知识链接

3.1　树脂基复合材料的成型工艺方法

1. 热压罐成型

复合材料热压罐成型起始于20世纪60年代,是目前生产航空航天高质量的先进树脂基复合材料制件的主要方法。它将复合材料毛坯、蜂窝夹芯结构或胶接结构用真空袋密封在模具上,如图1-15所示,置于热压罐中,在真空(或非真空)状态下,经过升温,保温(中温或高温)、降温和卸压过程,使其成为所需要的形状和质量的成型工艺方法。热压罐成型的原理是利用热压罐提供的均匀的压力和温度,促使预浸料中的树脂流动和浸润纤维,并充分压实,排除材料中的孔隙,然后通过持续的温度使树脂固化制成复合材料。热压罐设备如图1-16所示,它是一个具有整体加热系统和加压系统的大型圆柱形金属容器,一般为卧式装置。常见的结构是一端封闭,另一端开门的圆柱体,利用热空气、蒸汽或内置加热元件对预浸料加热,并经过压缩空气(或氮气)加压到 $0.2 \sim 2.5$ MPa 固化成型,为先进复合材料的压实和固化提供必要的热量和压力。航空航天用热固性复合材料制件的生产全过程大体包括六个步骤:

(1)准备过程:包括工具和材料的准备、模具的清洗和预处理过程。

(2)材料的裁剪与铺叠:包括预浸料的裁剪和铺层。

(3)制袋:包括坯件装袋以及在某些情况下坯件的转移等。

(4)固化和脱模:包括坯件流动压实过程和化学固化反应过程及固化后的脱模。

(5)检测和修整:检测包括目测、超声或 X 射线无损检测;通过抛光机、高速水切割机或铣床修整。

(6)装配:包括测量、垫片、装配。通常采用机械装配或胶接装配。

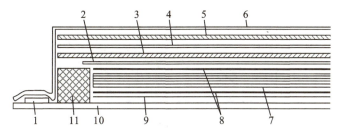

1—真空密封带;2—有孔隔离膜;3—吸胶毡;4—均压板;5—透气毡;6—真空袋;
7—部件;8—可剥离保护层;9—无孔隔离膜;10—模具;11—挡条。

图 1-15 热压罐成型的真空袋封装

热压罐成型主要用于大尺寸、结构复杂、尺寸精度要求高的复合材料的航空航天构件的制造,如蒙皮件、肋、框、壁板件、整流罩等,也适用于具有层合结构、夹芯结构、胶接结构、缝纫结构等多种结构的整体成型。热压罐成型的固化工艺(温度和压力的施加)的制订是其成型工艺的关键。20 世纪 70 年代中后期,随着监控技术的发展,利用高聚物基体在固化过程中出现的物理化学性能的变化,在热压罐上配置动态介电分析、超声黏度跟踪和光纤传感器装置,对热压罐进行在线监控,从而保证温度和压力的准确应用。热压罐成型能够精确地保证制品中的纤维方向和制品的几何尺寸形状,制品孔隙率降到 2% 以下,可以得到高质量的复合材料制品。目前,热压罐可应用于环氧、双马来酰亚胺、聚酰亚胺等热固性树脂和各种热塑性树脂基体复合材料制品的成型。如图 1-16 为热压罐照片。

图 1-16 西安龙德科技发展有限公司生产的热压罐

2. 真空袋压成型

真空袋压成型是通过橡胶袋或其他不透气的材料制成的柔性袋,将气体的压力传递到复合材料制品表面,达到赶出空气、层合致密的一种成型方法。该法成型原理如图1-17所示,通常在烘箱或其他能够提供热源的环境中进行,在真空压力下固化成型复合材料制件,压力最多只能达到0.1 MPa,因低压不致压坏芯子,故该法适用于成型15 mm的薄板件和蜂窝结构件。

真空袋压成型不需要专用设备,投资少,便于操作并可形成复杂曲面,故在实际修理工作中多用此法。

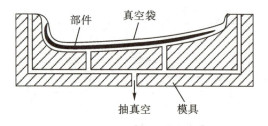

图1-17 真空袋压成型原理

3. 模压成型

模压成型是一种对热固性树脂和热塑性树脂都适用的复合材料成型方法。它是将一定量模压料(粉末、粒状或纤维状等塑料)放入金属对模中,在一定温度和压力作用下,材料充满模腔,固化成型脱模制得制品的一种成型方法,图1-18所示为模压成型工艺示意图。模压成型生产效率较高,制品尺寸准确,表面光洁,产品无须二次加工,易于机械化、自动化生产;其缺点是模具设计制造复杂,压机及模具投资高,产品尺寸受设备限制,只适于大批量中小型制品。

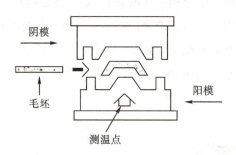

图1-18 模压成型工艺示意图

4. 缠绕成型

缠绕成型是将浸过树脂胶液的连续纤维(或布带、预浸纱)按照一定规律缠绕到芯模上,然后加热或常温下经固化、脱模,获得制品的成型方法,图1-19所示为缠绕成型工艺示意图。缠绕制品的规格、形状、种类繁多,缠绕形式千变万化,但缠绕规律可以归结为三种:环向缠绕、纵向缠绕和螺旋缠绕。缠绕成型工艺适用于制造回转体类零件,如飞机机身、发动机进气道等零件。

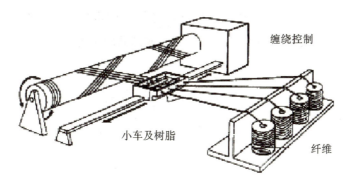

图1-19 纤维缠绕成型工艺过程示意图

5. 拉挤成型

拉挤成型是指连续长纤维在外力的牵引下,经过浸胶、挤压成型、加热固化、定长切割等一系列工序,连续生产复合材料线型制品的一种方法,图1-20所示为拉挤成型工艺流程。拉挤成型是其中自动化程度最高、产品质量最稳定、原材料利用率最高的先进制造工艺,是用于制造各种截面形状的长连续体零件,纤维以0°方向为主,也可排成±45°等方向。

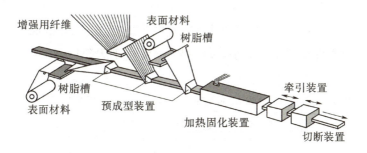

图1-20 拉挤成型工艺流程图

6. 复合材料液体成型

复合材料液体成型是指将液态树脂注入铺有纤维预成型体的闭合模腔中,或加热熔化预先放入模腔内的树脂膜,液态树脂在流动充满模腔的同时完成纤维/树脂的浸润并经固化脱模后成为复合材料制品的一种成型工艺。复合材料液体成型(LCM)是一种近年来出现的先进复合材料低成本制造技术,常见的复合材料液体成型工艺有树脂传递模塑(RTM)、真空辅助树脂传递模塑(VARTM)、树脂膜渗透成型工艺(RFI)、树脂浸渍模塑成型工艺(SCRIMP)等。LCM可以实现复合材料结构和性能的统一,以及复合材料设计、制备的一体化;同时既可制备大型整体复合材料制件,又可制备各种小型精密复合材料制件;既能显著缩短制件生产周期,又可保证制件的整体质量。LCM制件具有强度及性能可靠性高、成型工艺简单、生产效率高、尺寸准确、外表光滑、环保性能好等优点。其中树脂传递模塑和树脂膜渗透成型工艺应用最多。

树脂传递模塑工艺的基本原理如图1-21所示,先在模具的型腔内预先铺放增强材料预成型体、芯材和预埋件,然后在压力或真空作用下将树脂注入闭合模腔内,直至整个型腔内的纤维增强预制件完全被浸润,最后经固化、脱模、后加工成制品的工艺。

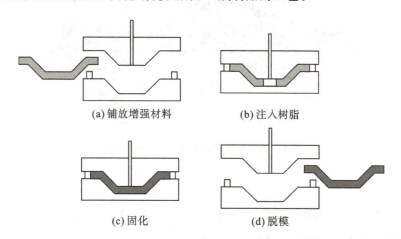

图 1-21　树脂传递模塑工艺的基本原理

　　树脂传递模塑工艺无须制备、运输、贮藏冷冻的预浸料,无须繁杂的手工铺层和真空袋压过程,操作简单。但是树脂传递模塑工艺由于在成型阶段树脂通过压力注射进入模腔形成的零件存在着孔隙含量较大、纤维含量较低、树脂在纤维中分布不匀、树脂对纤维浸渍不充分等缺陷。RTM 成型技术在航空领域的应用主要有雷达罩、螺旋桨、隔舱门、直升机的方向舵、整体机舱、飞机的机翼等。

　　树脂膜熔渗(RFI)工艺是在树脂传递模塑的基础上发展起来的。它是一种由树脂熔渗和纤维预成型坯相结合的技术。其工艺过程如图 1-22 所示,将预制好的树脂膜铺放在模具上,再铺放纤维预成型体并用真空袋封闭模具;将模具置于烘箱或热压下加热并抽真空,达到一定温度后,树脂膜熔融成为黏度很低的液体,在真空或外加压力的作用下树脂沿厚度方向逐步浸润预成型体,完成树脂的转移;继续升温使树脂固化,最终获得复合材料制品。

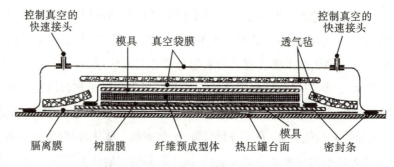

图 1-22　树脂膜熔渗成型工艺图

　　树脂膜熔渗工艺树脂基体为固体,存储、运输方便,工人操作简便;不需要复杂的树脂浸渍过程,成型周期短,能一次浸渍超常厚度纤维层;树脂膜熔渗工艺成型压力低,不需要额外的压力,只需要真空压力;成型产品孔隙率低(<0.1%),纤维含量高(接近70%),性能优异。RFI工艺也存在一些不足之处,表现在:①对树脂体系要求严格,不太适合于成型形状复杂的小型制件;②制品表面精度受内模影响,达不到所需要的复杂程度和精度要求;③树脂膜熔渗工艺中,树脂的用量不能精确计量,需要吸胶布等耗材除去多余树脂,因而固体废物比树脂传递膜塑等浸渍工艺多。

7. 蜂窝夹层结构成型

蜂窝夹层结构的制造过程是将制备好的蜂窝芯与面板连接成夹层结构的操作过程。蜂窝夹层结构的制造按制造方法可分为湿法成型和干法成型。

1) 湿法成型

湿法成型是指复合材料面板和蜂窝夹芯的树脂在未固化的湿态下直接在模具上进行胶接并固化成型的一种方法。生产时,先在模具上制好上、下面板,然后将蜂窝条浸胶拉开,放到上、下面板之间,加压(0.01~0.08 MPa)、固化,脱模后修整成产品。湿法成型的优点是蜂窝和面板间黏结强度高,生产周期短,适用于球面、壳体等异形结构产品的生产。其缺点是产品表面质量差,生产过程较难控制。

2) 干法成型

干法成型是指复合材料面板、蜂窝夹芯分别成型固化后,用黏结剂将两者黏结成蜂窝夹层结构的一种成型工艺。干法成型的优点主要是产品表面光滑,平整,在成型过程中每道工序都能及时检查,产品质量容易保证,缺点是生产周期长。根据黏结剂的不同又可分为以下两种方法。

(1) 涂胶黏结法。涂胶黏结法是将低黏度的黏结剂均匀地涂刷在面板和蜂窝芯子上,然后把蜂窝芯子放置于面板之间,为了保证芯材和面板牢固黏结,常在面板上铺一层浸过胶的薄毡,通过加热加压固化制成蜂窝夹层结构。

(2) 胶膜法。胶膜法是在复合材料面板上置放一层黏结剂膜,然后将蜂窝芯子至于面板上再放一层黏结剂膜,合上另一面板后再加热、加压使其固化制成蜂窝夹层结构。

3.2 复合材料结构件整体化成型工艺

大型构件整体成型可以简化制品结构,减少组成零件和连接零件的数量,减少了机械的加工和装配。整体构件制造指在成型模具内一次固化过程中完成各零件的成型及相互有关零件的连接,最后达到一个坚实的整体。整体化成型工艺是复合材料独有的优点和特点之一,是目前世界上在该技术领域大力提倡和发展的重要技术之一。

1. 复合材料结构件整体化成型工艺

复合材料结构件整体化成型工艺包括共固化、共胶接、二次胶接等技术。

共固化技术是指两个或两个以上的零件经过一次固化成型而制成整体制件的工艺方法。共胶接是把一个或多个已经固化成型而另一个或多个尚未固化的零件通过胶黏剂(一般为胶膜),在一次固化中固化并胶接成一个整体制件的工艺方法。二次胶接技术是指两个或多个已固化的复合材料零件通过胶接而连在一起,其间仅有的化学或热的反应是胶黏剂的固化。

采用共固化法时,零件在固化模具中组装,其坯件是预浸料块。它们具有很好的操作黏性,几何形状又可随意改变,整个构件的制造只是在模具内铺叠与塑制成形的过程。按通常的方法,组件装配时用胶接或机械连接,其整体性与刚性不如共固化产品的整体性好。共固化的构件不仅是同一种基体,在同一固化过程中固化成为完整的产品,还由于在铺层过程中可实现连续纤维,从结构件的一个部位以不切断纤维而随意延向另一部位,这就大大地强化了连接部位的刚度与强度。

共固化结构的组合零件在未固化时应是可分离的,以便于在生产过程中对各个零件的毛坯进行铺贴和预处理,如图 1-23 所示。图 1-23(a)图中部分加强筋与蒙皮成一体,无法分开铺贴及预处理,不能共固化;图 1-23(b)图中加强筋和蒙皮可分,利于铺贴及预处理,可以共固化。需采用芯模成形的共固化结构在设计时应留有足够大的开口,以保证固化后芯模能够从构件中取出。帽型加筋零件芯模开口示意图如图 1-24 所示。

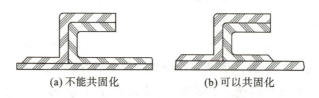

图 1-23 共固化成型结构的零件组成

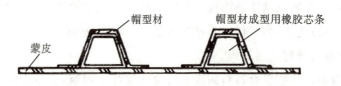

图 1-24 帽型加筋零件芯模开口示意图

共固化法可以用于制造一般梁、肋及壁板等壳体构件,并获得与分次固化成型零件具有同等的材质和机械性能。因为共固化过程中可以采用与分次固化相同的工艺参数,即相同的固化温度、压力和时间。共固化也可用以制造夹层结构件,如蜂窝夹层结构、泡沫塑料夹层结构等。在飞机上采用的复合材料共固化结构主要有:共固化加筋结构、共固化盒状结构、共固化夹层结构。三类结构的形式见图 1-25,三类主要结构的使用范围见表 1-10。

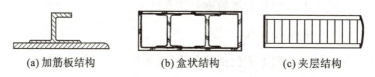

图 1-25 复合材料共固化结构的类型

表1-10 主要共固化结构的使用范围

结构类型	使用部位	共固化工艺
共固化加筋结构	翼面壁板、机身壁板、舱门	整体共固化
共固化盒状结构	多墙结构垂尾,机身上、下壁	整体共固化或胶接共固化
共固化夹层结构	机身壁板、操纵舵面、各类口盖	胶接共固化或整体共固化

复杂的立体构件采用共固化成型工艺对模具设计、制造和构件生产提出了更高的技术要求。如共固化成型蒙皮壁板时就不能只采用整块式单块的简单阳模,相应的模具由一套零件组成的组合模具。有时还需应用不同材料、不同的方法产生固化时所需的压力,膨胀硅橡胶是常用的材料。

2. 复合材料构件整体成型工艺的优点

1)降低制件成本

复合材料构件整体成型可将几十甚至几百个零件减少到一个或几个零件,减少分段和对接,从而大幅度地减少结构的质量,降低制件的成本。须知复合材料的成本最后是以单位质量的成本数进行核算的,因此减质量一定会直接带来成本降低的。

2)降低结构的装配成本

复合材料构件整体成型可将几十万个紧固件减少到几千甚至几百,从而亦可大幅度地减少结构质量,降低装配成本,进而降低制件总成本。在复合材料承力结构的机械连接中,所用紧固件特殊,多为钛合金紧固件,成本较高;施工中钻孔和锪窝难而慢,须用特殊刀具,容差要求严,成本高;装配中要注意防止电化腐蚀,必须湿装配,耗时费力,成本高。大量减少紧固件的结果必然减轻结构因连接带来的增重,减少诸多因连接带来的麻烦,降低成本。

3)易于实现高度翼身融合体的设计和布局

如B-2隐形轰炸机,采用高度翼身融合体的飞翼式布局,广泛采用了复合材料整体成型技术;再如美国最新研制的无人作战飞机X-45A,即采用高度翼身融合体的无尾式飞翼布局;另一个号称"飞马"的无人作战飞机X-47A更为典型,其形如风筝,亦是一架高度翼身融合体的无尾飞翼式布局飞机,全机结构由复合材料制成,沿中轴线上下分4大块制成,充分发挥了复合材料大面积整体成型的技术优势。

4)可降低机体结构的雷达反射截面积RCS(雷达散射截面积)值,从而提高其隐身性能

隐身性能是武器的重要性能指标之一。机体结构上如存在着大量的缝隙、台阶、紧固件头等,势必产生对雷达的强烈反射,形成雷达的散射源。复合材料整体成型技术消除了缝隙、台阶和紧固件头,无疑是提高隐身性能的重要原因之一。

任务实施

1. 复合材料成型工艺的选择原则

生产复合材料制品的特点是材料生产和产品成型同时完成,因此,在选择成型方法时,必须同时满足材料性能、产品质量和经济效益等多种因素,具体应考虑:

(1)产品的外形构造和尺寸大小。

(2)材料性能和产品质量要求。

(3)生产批量大小及供应时间要求。

(4)企业可能提供的设备条件及资金。

(5)综合经济效益,保证企业盈利。

2. 复合材料成型工艺选择

依据复合材料制品产量、成本、性能、形状和尺寸大小,可适当选择复合材料的成型工艺方法。复合材料的制造成本与加工工具、原材料、周期和整装时间等有关,因此复合材料的制造在综合考虑成本的基础上确定成型工艺方法。最重要的是复合材料的性能要满足使用要求,不同的工艺会有不同的性能,不同的材料(纤维与树脂)有不同的性能,纤维长度、纤维取向、纤维的含量(60%~70%)等均会大大影响复合材料制品的性能。

先进复合材料以其比强度和比模量高、耐高温性能好、耐疲劳性能优越等优点获得广泛应用和迅速发展。树脂转移成型技术、真空袋成型、热压罐成型技术的成熟发展更是极大地推动了先进复合材料的发展,真空袋成型工艺灵活、简便、高效。目前较多地采用热压罐成型工艺存在成本过高,制件尺寸受限制等问题。

(1)使用预浸料热压罐或软模、压力袋等成型时可获得力学性能优良、尺寸精确、重复性好的高质量零构件。共固化整体成型技术可制备大型整体飞机结构件,能大大减少装配、连接的工作量,提高结构效率。目前,复合材料飞机结构件主要采用半成型工艺方法。这类方法中预浸料制备与贮存的投资和热压设备的投资均较大,而且能耗高,再加之目前仍以手工铺层为主,故制造成本较高。

(2)在纤维缠绕法的基础上发展起来的纤维自动铺放法,是高度自动化、机械化的铺层方法。其关键技术是研制高度自动化的多轴纤维自动铺放机。目前应用较多的纤维自动铺放设备为7轴式、多丝束铺放头,可同时铺放大约30条3 mm窄带;铺放速度大约6 m/min;计算机程序控制,铺放精度高;铺层时还可进行压实或固化。

(3)液体复合材料成型(LCM)没有预浸料制备过程,生产效率高。例如树脂转移成型(RTM)、树脂膜熔浸成型(RFI)等。但是预成型件制备的设备投资很大,成型工艺需用RTM、RFI专用树脂,适合批量生产采用。

(4)低温固化成型工艺技术是采用低温(80 ℃以下)、低压(真空压力)固化树脂复合材料来制备高性能构件的成型技术,适合小批量生产应用。低温固化成型工艺的关键是研制开发低温、低压固化的高性能树脂,即达到目前航空制件性能水平的低温固化树脂。

项目拓展

随着现代武器装备、航空技术的发展,复合材料先进加工制造技术在现代航空武器装备的发展中起着愈来愈重要的作用。工业发达国家的国防工业部门和国防军事部门,也高度重视复合材料先进加工制造技术的发展。复合材料先进加工制造工艺总体发展的方向是采用先进的铺层技术降低劳动强度、采用先进固化技术降低整个复合材料制造过程的成本,通过改变目前的复合材料成型工艺降低成本,扩大复合材料的应用范围,拓宽复合材料的应用领域。

1. 纤维自动铺放技术

纤维缠绕和带铺放技术是复合材料制造中广泛应用的自动化制造技术,其制造过程是在芯轴模具上或铺放模具上线缠绕或铺放单向复合材料。为了满足航空航天制造中规格大型、形状复杂、轴线变化的构件的缠绕成型,在纤维缠绕技术的接触上借助计算机技术的发展成果,改进了自动铺放技术。从20世纪80年代至今,美国采用自动铺带技术生产了B1、B2轰炸机的机翼蒙皮,F-22战斗机机翼蒙皮,波音777飞机机翼、水平和垂直安定面蒙皮,C-17运输机的水平安定面蒙皮,波音787翼面蒙皮等。欧洲采用自动铺带技术生产了A330和A340水平安定面蒙皮、A340尾翼蒙皮、A380的安定面蒙皮和中央翼盒等复材制件。自动铺带技术已经成为发达国家复合材料构件的典型制造技术之一,并取得了很多成果,也应该是我国开展研制并大规模应用的生产工艺。

2. 纤维丝束铺放技术

纤维丝束铺放技术是20世纪70年代由美国波音等公司在纤维缠绕和自动铺带技术基础上发展起来的,用于复合材料机身结构制造。近年来随着大型客机的迅猛发展,国外对复合材料构件制造技术投入了大量的人力、物力,对相关配套工艺等进行了大量的研究,并制造出了先进的自动化程度很高的纤维丝束铺放设备。纤维丝束铺放技术在飞机结构中已经得到广泛应用。第四代战斗机采用纤维丝束铺放技术研制了复合材料F35飞机的S形进气道和中机翼身融合体部分。举世瞩目的波音787复合材料使用量达到50%,这在很大程度上得益于丝束铺放技术,其中全部机身采用丝束铺放技术整体制造。纤维丝束铺放技术还将广泛应用于航天、船舶、风力发电等领域,相关的配套工艺已经成熟,正朝着更快速度、更高效率的方向迅猛发展。

3. 电子束固化技术

当前所应用的先进树脂基复合材料基本上都是采用加热固化成型的,如热压罐、热压机等。由于热固化的成型工艺周期长,从数小时到数十小时,造成复合材料制造成本高,阻碍了复合材料在国防工业及民用领域的广泛应用。同时,热固性复合材料采用的固化剂和有机溶剂往往是有毒的,造成对环境和操作人员的危害。电子束固化成型是辐射成型的一种它是一种利用高能电子或产生电子的X光射线引发聚合物聚合固化的工艺技术。电子束固化可以在室温或低温下固化,固化剂和有机溶剂的用量大大减少,可以只对需要固化的区域进行辐射,实现局部固化。它还可以与缠绕、自动铺放、树脂转移模塑等工艺相结合,实现连续生产,电子束固化树脂体系的储存稳定性优良。正是由于电子束固化具有上述特点,使之具有了热固化无法比拟的优势。

巩固练习

1. 在现代大型民用飞机结构中,通常哪些部位(或零部件)采用复合材料结构?
2. 在大型民用飞机复合材料结构中,其结构形式有哪些?各有什么特点?
3. 层合板的标识方法有几种?各有什么特点?
4. 简述公式法标识层合板的具体含义。
5. 简述蜂窝夹芯结构的基本组成及各组成部分的作用。
6. 飞机复合材料结构如何用图样表达?
7. 复合材料的原材料有哪些?
8. 简述碳纤维的制备方法、性能特点及应用。
9. 简述芳纶纤维的性能特点及应用。
10. 复合材料中基体材料的作用是什么?
11. 飞机复合材料常用的热固性树脂有哪几种?其各自有哪些特点?
12. 简述预浸料的类型、制备方法及特点,预浸料中分离纸的作用。
13. 复合材料结构用胶黏剂应满足哪些基本要求?
14. 树脂基复合材料成型主要有哪几种?
15. 简述热压罐成型的工艺过程和特点。
16. 简述树脂转移模塑成型的工艺过程和特点。
17. 共固化成型的特点是什么?飞机复合材料哪些结构可以共固化成型?

项目 2　复合材料修理常用工具、设备及其使用

项目目标

知识目标：(1) 掌握复合材料修理常用工具的使用。
　　　　　(2) 掌握复合材料修理常用设备的使用。
能力目标：会使用复合材料修理的常用工具和设备。
素质目标：(1) 增强学生安全生产、规范操作、节约维修成本的意识。
　　　　　(2) 使学生具有严谨、细致的科学观和精益求精的工匠精神。

项目引入

随着复合材料及其成型工艺的发展，复合材料应用于制造飞机的主要结构件且用量越来越多。因此，飞机复合材料结构的损伤修理已成为现代飞机维修的重要组成部分，迫切需要满足飞机复合材料结构损伤修理技术要求的修理工具及设备。

复合材料是不同于金属材料的各向异性材料，其强度大、硬度高，但层间强度低，不耐冲击，易分层，普通工具对复合材料进行钻孔、切割和打磨等机械加工时，很容易造成分层和劈裂等损伤，并且工具磨损极快。因此，必须根据复合材料的性能特点，结合修理工艺需要，选择合适的修理工具及设备。飞机复合材料结构修理所需的修理工具包括制孔、切割、打磨、抛光等机械加工工具；复合材料修理的设备主要包括材料存储设备、加热设备、加压设备、测量设备、除尘设备、切割设备与调胶设备等。

任务 4　复合材料修理常用工具的使用

任务描述

飞机复合材料修理涉及的工具较多，按照使用用途可分为制孔工具、切割工具、打磨和抛光工具、夹具、树脂和胶应用工具等。

知识链接

4.1 复合材料制孔工具

复合材料钻孔常有以下几种情况,在复合材料制品上钻出圆孔所用的工具为钻头;将工件上已有主孔眼内部加光或修整到所需尺寸的操作为铰孔,所采用的工具是铰刀;用可调整的单刃刀具使孔眼扩大的操作称为镗孔,镗孔通常由车床完成。

1. 钻头与钻枪

钻头与钻枪配合使用。飞机复合材料修理中一般使用手持式钻枪,在航线维修时有时也会用到充电池钻枪。气动式钻枪有直柄式、90°弯头式、枪式等多种形式。钻枪常用来驱动钻头、锪钻、孔距等工具。航空工业使用的传统钻头用于复合材料的钻孔会存在两个问题:一是钻头寿命短,二是容易出现材料分层。飞机复合材料修理中经常用到一些特殊钻头,它们的材质一般都是硬质合金或高速钢;同时构型也有特别要求,如花头钻头(曲刃钻头)、锥形铰刀钻头、硬质合金镶嵌头钻头、钻锪复合钻头等。

1) 花头钻头(曲刃钻头)

花头钻头的构型如图 2-1 所示,它的特殊几何形状避免了材料内部的断裂和分层,常用于凯芙拉(Kevlar)材料的钻孔。使用花头钻头钻孔时为防止错动,工件要固定牢靠,避免钻孔过程中振动;同时进刀速度必须慢,一般在正式钻孔之前先在小块材料上试钻几个样孔。

图 2-1 花头钻头的构型

2) 锥形铰刀钻头

锥形铰刀钻头的构型如图 2-2 所示,它是钻孔和扩孔的组合钻头。锥形铰刀钻头大量用于玻璃纤维和碳纤维复合材料的钻孔,但不能在凯芙拉材料上成功使用。使用锥形铰刀钻头钻孔时为防止错动,工件要固定牢靠,避免钻孔过程中振动;同时进刀速度必须慢,建议一般在正式钻孔之前先在小块材料上试钻几个样孔以取得经验,钻削的线速度经常保持在 3~4 m/min。

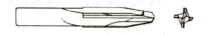

图 2-2 锥形铰刀钻头的构型

3) 硬质合金钻头

硬质合金钻头在其切削部分镶嵌硬质合金刀片,其构型如图 2-3 所示,它的顶角一般为

118°或135°。

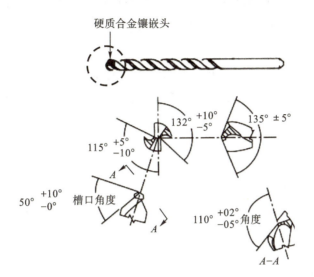

图2-3 硬质合金镶嵌头钻头的构型

4)金刚石钻锪复合钻头

金刚石钻锪复合钻头在其切削部分镶嵌金刚石刀片,其构型如图2-4所示,钻锪复合钻头可使钻孔和锪窝一次完成。

图2-4 金刚石钻锪复合钻头

2. 铰刀

在复合材料工件上精确制孔时需要用到铰刀,铰刀通常与钻枪配套使用,也可手动铰孔。波音飞机结构修理手册推荐的铰刀构型,如图2-5所示。

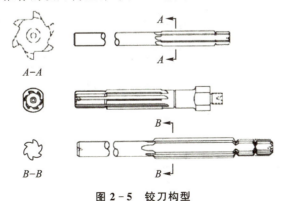

图2-5 铰刀构型

3. 锪钻和限位套

锪钻用于在复合材料工件上加工埋头窝。通常锪钻与限位套配合使用。限位套可限定锪钻的深度,通过限位套可调节锪窝的深度。复合材料修理中通常用到的锪钻有硬质合金锪钻、多晶金刚石锪钻、金刚石锪钻和高速钢锪钻。

1) 硬质合金锪钻

硬质合金锪钻的构型如图2-6所示,它又分整体硬质合金头部和硬质合金镶嵌头等形式。硬质合金锪钻可用于加工凯芙拉纤维、碳纤维或玻璃纤维,钻削时钻枪的转速一般为90~950 r/min。

图2-6 硬质合金锪钻的构型

2) 多晶金刚石锪钻

多晶金刚石锪钻的构型如图2-7所示,它常用于加工凯芙拉纤维、碳纤维和玻璃纤维,钻削时钻枪的转速一般为500~1500 r/min。多晶金刚石锪钻比标准的硬质合金锪钻更耐用。

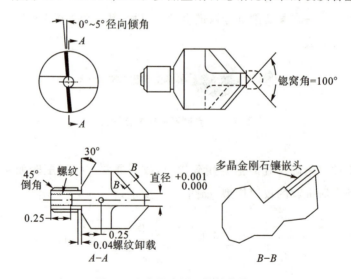

图2-7 多晶金刚石锪钻的构型

3) 金刚石锪钻

金刚石锪钻的构型如图2-8所示,它常用于加工碳纤维、玻璃纤维等耐磨性强的复合材料,钻削时钻枪的转速一般为3000~5000 r/min。

图 2-8 金刚石锪钻的构型

4)高速钢锪钻

高速钢锪钻的构型如图 2-9 所示,它仅用于加工凯芙拉纤维,钻削时钻枪的转速一般为 90~750 r/min。图中锪钻的刃口设计非常特别,这样可以确保高质量的切削效果,避免纤维起毛刺。

图 2-9 高速钢锪钻的构型

5)锪钻限位套

锪钻限位套的构型如图 2-10 所示,不同构型的锪钻限位套在使用时,最大允许转速有所不同。

图 2-10 锪钻限位套的构型

4.其他制孔工具

其他制孔工具有钻孔导向块、引孔器、钻头限位器、钻孔导向座等,它们的构型如图 2-11 所示。

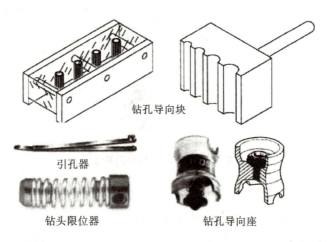

图 2-11　钻孔导向块、引孔器、钻头限位器和钻孔导向座

4.2　复合材料切割工具

在复合材料修理中，经常使用各种不同的手工工具来切割损伤部位，常用的切割刀具有铣头、铣刀、旋转锉、孔锯、切割锯片、剪切器和剪刀、切割刀等；与之配套使用的动力工具有镂铣机、研磨机、钻枪、切割机等。加工蜂窝芯材料时还会用到一些专用的切割工具。

1. 镂铣机

镂铣机也叫气动铣，常用来驱动铣头、铣刀等工具，大量用于复合材料的切割、修边和损伤部位的去除等修理工作。大多数的镂铣机以 20 000～30 000 r/min 的转速有效工作。镂铣机的常见构型如图 2-12 所示，它的使用举例如图 2-13 所示。

图 2-12　镂铣机的构型　　　　图 2-13　镂铣机的使用

2. 研磨机

研磨机有直柄式和弯头式两种构型，如图 2-14 所示，飞机复合材料修理工作中使用最多的研磨机是 90°角弯头式研磨机。研磨机常用来驱动铣头、铣刀、旋转锉等工具，弯头式研磨机也是常用的打磨工具。

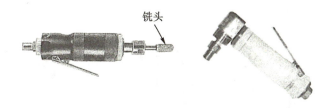

图 2-14 研磨机

3. 铣头

铣头与镂铣机或研磨机配合使用,常用于切割或打磨复合材料板件。铣头的构型如图 2-15 所示,一般选用硬质合金材料制作。

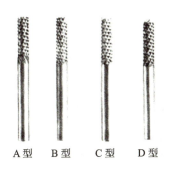

图 2-15 铣头的构型

4. 铣刀

铣刀与镂铣机或研磨机配合使用,它的常见构型如图 2-16 所示,其中 B 型常用于蜂窝板材的切割。铣刀一般选用硬质合金材料制作。

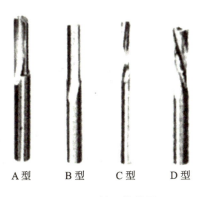

图 2-16 铣刀的构型

5. 旋转锉

旋转锉与研磨机配合使用,它有柱形、柱形圆头、球形等多种构型,如图 2-17 所示。旋转锉一般选用硬质合金材料制作。

图 2-17　旋转锉的构型

6. 曲线锯(马刀锯)

曲线锯(马刀锯)能上下往复切割多种板材。常使用硬质合金镶嵌头的锯片切割玻璃纤维和碳纤维复合材料。曲线锯有电动和气动两种形式,通常要求上下往复切割速度达到2500次/分钟。

7. 圆盘切割机与切割枪

圆盘切割机与切割轮的构型如图2-18所示,用于切割复合材料板件的切割轮通常有金刚石切割轮和硬质合金镶嵌头切割轮两种形式。切割轮一般选用4～5 in① 的直径。使用圆盘切割机切割之前要将切割轮安装紧固,以防止切割轮在轴上打滑;同时切割一段时间后要让切割轮适当冷却,以延长工具的寿命。

图 2-18　圆盘切割机和切割轮

8. 连体带柄金刚石锯片

连体带柄金刚石锯片的构型如图2-19所示,它与研磨机配合使用。使用连体带柄金刚石锯片切割复合材料板时,切割一段时间后要让其切割轮适当冷却,以延长工具的寿命。

---

① in,英寸,英制单位。1 in=2.54 cm

图 2-19　连体带柄金刚石锯片

9. 孔锯

孔锯的构型如图 2-20 所示,它用于在纤维复合材料板件上切割 1~3.5 in 直径的孔,通常采用金刚石或硬质合金作切削刀刃。孔锯通过驱动轴与钻枪配合使用。

图 2-20　金刚石孔锯

10. 剪切器和剪刀

用于剪切复合材料板件或纤维材料的剪切器和剪刀有电动、气动和手动构型,如图 2-21 所示。切割玻璃纤维和碳纤维板材或织布可以选用常规的剪切器和剪刀,切割凯芙拉或其他芳纶纤维、板材纤维时最好选用特别硬化的剪切器和剪刀。动力剪切器和剪刀经常镶嵌硬质合金刀头,这种剪切器和剪刀特别适用于切割复合材料板材、预浸料和厚度大的纤维布。

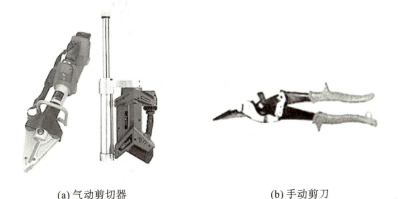

(a) 气动剪切器　　　　　　　　　(b) 手动剪刀

图 2-21　剪切器和剪刀

11. 切割刀

飞机复合材料修理中的切割刀主要用于薄铝蒙皮的切割、复合材料蒙皮的切割、复合材料板材的切割和蜂窝芯的切割等。切割时通常使用模板来引导刀刃的切割路线,刀刃必须保持清洁,也要经常更换刀片。切割刀和刀片的构型如图 2-22 所示。

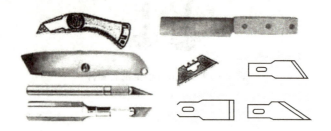

图 2-22　切割刀和刀片的构型

12. 蜂窝芯材料切割专用工具

1) 蜂窝造型切割刀

蜂窝造型切割刀的构型如图 2-23 所示,它有两片组合式和整体式两种形式,两片组合式可更换刀片。这种切割刀用高速钢制造,主要设计用于铝蜂窝芯的切割。加工时为了完成锥度和楔形切割需要使用角度调节板。蜂窝造型切割刀的使用示例如图 2-24 所示。

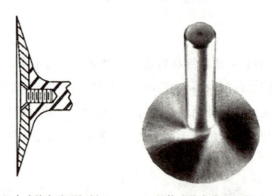

(a) 两片组合式蜂窝造型切割刀　　(b) 整体式蜂窝造型切割刀

图 2-23　蜂窝造型切割刀的构型

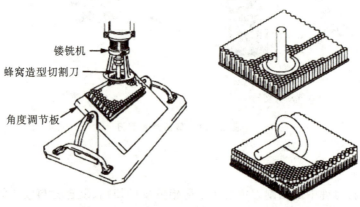

图 2-24　蜂窝造型切割刀的使用

2) 整体型蜂窝粉碎铣刀

整体型蜂窝粉碎铣刀的构型如图 2-25 所示,它有两件式和三件式两种形式,其刀片采用整体硬质合金刀片、金刚石涂层刀片和高速钢刀片三种形式。其使用示例如图 2-26 所示。

图 2-25 整体型蜂窝粉碎铣刀的构型

图 2-26 整体型蜂窝粉碎铣刀的使用

3) 蜂窝夹层铣刀

蜂窝夹层铣刀主要用于去除蜂窝夹层结构边缘或安装孔边缘约为 1~2 cm 深度、两层蒙皮之间的夹层,以便在开槽部位灌注填充胶,从而加固蜂窝夹层结构的边缘。铣刀的刀口往往镶嵌金刚石、硬质合金或高速钢材料。蜂窝夹层铣刀与镂铣机配合使用。

4.3 打磨和抛光工具

1. 手工打磨片

手工打磨片安装砂纸后可用于小面积、动力工具不易接近区域的打磨。

2. 机器打磨工具

1) 研磨机与打磨片

90°弯头式研磨机安装打磨托盘和打磨片后就可以用来打磨和抛光,如图 2-27 所示。使用研磨机打磨时,往往将打磨片的边缘对准打磨区域的中心,并使用研磨机的移动方向与打磨托盘的旋转方向一致。实际工作中通常使用 1 in、2 in 和 3 in 直径的打磨托盘与 80 号、100 号和 120 号的打磨片。

2) 旋转打磨机与砂纸

旋转打磨机一般要求需要达到 9000 r/min 的转速,外形上有圆盘式、平板式等形式,功能上有自带吸尘功能和不带吸尘功能两种形式。圆盘旋转打磨机的打磨托盘一般选用 5 in 或 6 in 的直径。用在带吸尘功能旋转打磨机上的砂纸与用在不带吸尘功能旋转打磨机上的砂纸的材质不同。圆盘旋转打磨机的使用示例如图 2-28 所示。

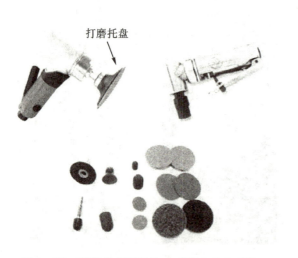

图 2-27　90°弯头式研磨机、打磨托盘和打磨片

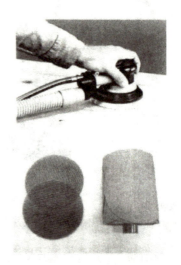

图 2-28　圆盘旋转打磨机的使用和砂纸

3) 细节打磨机

细节打磨机的构型如图 2-29 所示。它的打磨托盘有三角形、樱桃形、长方形等多种形式,可以根据需要更换,当安装相应形状的砂纸后,特别适合对难以接近的边角、凹槽等位置进行打磨。

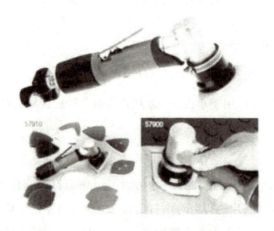

图 2-29　细节打磨机及其使用

2. 打磨头

打磨头有多种形式，常用的构型有金刚石打磨头(图2-30)、砂砾打磨头(图2-31)，飞机复合材料修理时，对孔边或板材边缘进行少量打磨或修整工作中经常使用打磨头。

图2-30 金刚石打磨头

图2-31 砂砾打磨头

4.4 夹具及其使用

飞机复合材料修理过程中，在树脂或胶没有完全固化之前，常常使用夹具来夹持工件，以增强黏结力并防止结构产生变形。

1. C形夹

C形夹主要用来施加机械载荷，它能在很大的压力范围内进行调节，但应注意不要使其过紧。其构型和使用举例如图2-32所示。

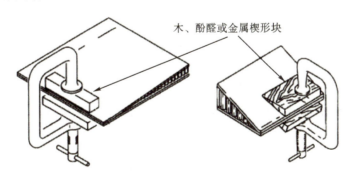

图2-32 C形夹及其使用

2. 其他形式的夹具

其他形式的夹具的构型及使用举例如图2-33所示。

图 2-33　其他形式的夹具的构型及使用

4.5　树脂、胶应用工具

树脂、胶应用工具包括注胶枪、注射器、刮板、毛刷、滚轮、腻子刀等。

1. 注胶枪

注胶枪有气动式和手动式,如图 2-34 所示。组装注胶枪注胶的基本方法:首先将注胶嘴和注胶筒组装好;其次将调配好的胶装进注胶筒;最后将注胶筒安装到注胶枪的不锈钢筒内,并组装好注胶枪。

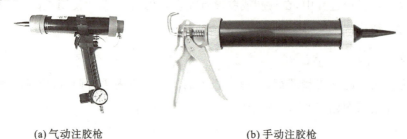

(a) 气动注胶枪　　　　　　　　(b) 手动注胶枪

图 2-34　注胶枪及附件

2. 注射器

注射器的应用如图 2-35 所示。注射器一般用于注射少量的胶、树脂,而且注射的胶、树脂的黏度要小、流动性要好。

图 2-35　注射器的应用

3. 滚轮

用树脂浸渍纤维布时,使用滚轮在分离膜上面滚动以驱赶树脂流动,从而使纤维布均匀浸渍。

4. 刮板和毛刷

飞机复合材料修理时,使用刮板和毛刷等工具将树脂、胶应用到修理区域或纤维布上,并涂刮均匀。

4.6 其他工具

复合材料修理中也会经常用到许多通用的其他工具,如锉刀、榔头、尖嘴钳、螺丝刀、标记笔、腻子刀、直尺和角尺等。

任务实施

1. 复合材料的钻孔、铰孔和锪窝

飞机复合材料不同于其他金属或合金材料,由于自身的特点,在修理时容易出现下列问题:复合材料的钻孔、铰孔和锪窝会给复合材料造成严重的损伤,如钻孔附近易出现分层、边缘起毛和出口处劈裂等;复合材料件钻孔困难,容易磨损钻;复合材料与金属件连接时,由于电位差较大,容易腐蚀金属件;复合材料装配时易造成损伤。由于复合材料属于黏弹性材料,与金属材料相比其热导率很小、热传导性能差,而钻孔过程中钻头与孔壁之间摩擦力相当大,会产生大量的摩擦热量。而这种摩擦热会造成热固性树脂的焦化。在钻孔时,由于钻切作用会影响制品结构的整体性而会使制品残留下内应力,不管是用钻头如(麻花钻)还是用镗孔钻和铰孔铰刀加工,其加工面比较粗糙,对刀具磨损也比较大。

基于这种原因,通常采取的安全打孔措施有以下几项:

(1) 改进钻头的材质,采用特殊的刀具,使用硬质合金或镀有金刚砂的硬质合金钻头较为合适。

(2) 正确选择刀具的参数,改进钻头几何参数和钻头形式,采用 100°～120°钻头顶角,15°～25°后角,25°～30°的旋转角,0.9～1.4 mm 的钻芯;图 2-36 所示为用于碳纤维和玻璃纤维复合材料(CFRP/GFRP)的钻头基本参数,图 2-37 是用于碳纤维和芳纶纤维复合材料(CFRP/AFRP)的钻头基本参数。

图 2-36 碳纤维和玻璃纤维复合材料(CFRP/GFRP)的钻头基本参数

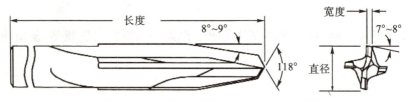

图 2-37 碳纤维和芳纶纤维复合材料(CFRP/AFRP)的钻头基本参数

(3)改进钻削工艺,宜采用低进给和高速的转速;钻孔时以低进给大转速为好,铰孔和锪窝时则以低转速为好,加工时刀具要注意保持锋利。

(4)改善工作环境,及时清理操作产生的粉尘。钻孔加工时制件背面尽可能要垫有木板或者硬塑料板,并用相应夹具夹紧,以防止出口端分层、劈裂。在复合材料上钻孔、铰孔和锪窝时,一般采用干法加工,即切削加工时不加冷却润滑液。

大多数热固性复合材料层合板经钻孔和仿形铣后会产生收缩,因此精加工时要考虑一定的余量,即钻头或仿形铣刀尺寸要略大于孔径尺寸,并用碳化钨或金刚石钻头或仿形铣刀。另外,钻头必须保持锋利,必须采用快速去除钻屑和使工件温升最小的工艺。热塑性复合材料钻孔时,更要避免过热和钻屑的堆积,为此钻头应有特定螺旋角和宽而光滑的退屑槽,钻头切削刃要用特殊材料制造。采用的钻速不仅与被钻材料有关,而且还与钻孔大小和钻孔深度有关。一般手电钻转速为 900 r/min 时效果最佳,而气钻为 2100 r/min 和进给量为 13 mm/s 时效果最佳。机械钻树脂基复合材料所用钻头用粒度小于 1 μm 的碳化钨制成,进钻速度 1.5～3 mm/s。快速钻透时,压力要小,如设备能自动调节压力则更好。

芳纶树脂复合材料最好用平头钻可使孔边飞毛少。使用一般钻头时,背面一定要垫衬牢固,垫材可用胶木,也可在复合材料两面附上玻璃布、压敏胶带等,钻孔后再撕去。钻头转速为 2500～3500 r/min,应加水润滑。

硼纤维树脂复合材料最好用浸涂金刚砂的钻头,进钻速度为 0.08～0.14 mm/s。玻璃纤维树脂复合材料用涂有二硼化钛的钻,寿命可大大延长、碳纤维树脂复合材料可采用碳化钨钻头,背面需要垫板。钻的形式如标准麻花钻,每钻 50～60 个孔后则需要重新打磨,钻孔时用水冷却。碳纤维树脂复合材料两表层可各加一层玻璃布,钻头转速控制在 2750～3200 r/min。

超声波钻孔可大大提高金刚石钻头寿命,钻头嵌有(或烧结)80 号～100 号的金刚石钻时用水冷却。典型的超声装置是:功率 600 W 的钻轴共振器,使之在 20 kHz 频率下共振。钻头直径小于或等于 1.27 cm 的钻孔参数:转速 2250～4000 r/min,进钻速度为 2.54 mm/min。

在纤维复合材料上钻孔时,应注意以下几个注意事项。

(1)修理过程中,尽可能控制钻枪的进给量,用手持钻枪钻孔时,钻头最大直径为 8 mm;气钻枪必须处于良好状态,能在 3000～6000 r/min 的转速下工作。

(2)根据不同材质的加工对象选择对应的钻头和钻孔转速,为确保钻孔在层压板表面正确排布可使用钻孔模具或带钻套的样板。

（3）钻孔时要控制好钻削速度，防止钻头造成纤维损伤。尽量在钻孔工件的背面用木板顶住以防止出口的分层。

（4）钻孔时钻头要与工件保持垂直；钻尺寸较大的孔时，建议先钻引导孔。

（5）在较薄的复合材料工件上钻孔时，应将钻头安装在钻头限位器上。

（6）钻孔时要控制驻留时间以免钻孔尺寸超差，驻留时间指孔钻通以后钻头的留孔时间。

（7）防止钻孔过程中钻头过热引起分层和纤维损伤，必要时可采用水冷却法防止过热；为确保钻孔尺寸精度和钻头使用寿命，钻头应经过机加研磨。

2. 复合材料切割

复合材料机械切割包括砂轮片切割、带锯切割和铣削。切割加工的常用工具有手锯、带锯、机床等，边缘铣切加工可手动铣切也可机床铣切。切割面积较小、厚度也较薄的复合材料时，也可直接用刀片切割。

复合材料切割一般选用金刚石砂轮片，切割的工艺参数主要有主轴转速 n 和进给量 f。主轴转速较低时，刀具不易切断纤维，容易将纤维从基体中挖出；主轴转速很高时，切削温度较高，易使基体熔化黏在刀具上，影响材料性能和切割质量。为保证切割表面的质量，进给量 f 不宜过大。

带锯切割效率较高，是目前航空企业中使用较多的一种切割方法，但此种切割的切口质量较差，切口不平整。往往还会在出口边产生纤维毛刺，带锯切割一般只能用于粗加工，切割复合材料时一般采用钨砂带锯条。

砂轮片切割和带锯切割一般只适合直边或圆形等简单形状的零件切割，对于复杂外形零件的切割可以采用铣削的方法，复合材料铣削可采用普通铣床铣削和数控铣床铣削，普通铣削的质量差，效率低。

在对复合材料进行维修时，经常需要去除损伤部位的材料，可采用切割机磨去或割去损伤部位的材料，如图 2-38 所示。

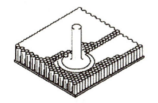 

图 2-38 切割机加工复合材料

玻璃纤维增强热固性基体层压板，采用手锯或圆锯切割。热塑性复合材料采用带锯和圆锯等常用工具时要加冷却剂。石墨/环氧复合材料最好用镶有金刚石或立方碳化硼的刀具切割，锯切时控制好锯子力度对保证切面质量至关重要。虽然锯切温度也是一种要控制的因素，但一般影响不大，因为锯切时碰到的最高温度一般不会超过环氧树脂的软化温度（182 ℃）。

金属基复合材料可用镶有金刚石的线锯锯切，不过其切割速度较慢，而且只能作直线锯切。陶瓷基复合材料可采用金刚石砂轮进行锯切，有两种速度：一种是 250 r/min，另一种是 4000 r/min。这种锯切会使切割面的陶瓷基复合材料有相当大的损伤。不过在较高锯切速度时，损伤虽大，但断面较为均匀。

3. 复合材料磨铣

复合材料结构的磨铣主要包括铣削、修边、倒角、打磨等几个部分，主要要求如下：

(1) 手动铣。手动铣最好采用扭矩较大、速度较低的铣切工具。碳化铣头进刀速度高时，应该用冷却剂，铣刀直径磨损达 0.04 mm 后就要更换刀头。反式螺纹碳化物铣头特别适合芳纶树脂复合材料，可用于分割、切缝和修整蜂窝夹层板。手动铣的缺点是要求切割力大，生产效率取决于操作者的熟练程度。采用靠模铣能克服上述缺点，速度可控，但只适用于平板形制件。一般来说，其进刀速度小，铣磨质量高。

(2) 修边和倒角。芳纶树脂复合材料的修边特别适于采用金刚石碳化物刀具。

(3) 打磨可分为配合面打磨与胶接面打磨两种情况。对于配合面打磨及打毛边，应采用转速不小于 2000 r/min 的直角打磨器。具体步骤是先用 80 号氧化铝打磨盘粗磨（干磨），然后用 240～320 号碳化硅盘去毛刺和倒角（水磨）。注意不可用打磨法消除树脂复合材料制件表面缺陷。对于胶接面打磨，采用 240 目砂纸，转速不小于 2000 r/min 的打磨和修边方式。

(4) 刀具材料可用碳化物、高强度钢和嵌金刚砂的划窝头，碳化物材料的划窝头适于碳纤维树脂复合材料和玻璃纤维树脂复合材料，对于硼纤维树脂复合材料和碳纤维树脂复合材料进刀要慢。

(5) 磨铣与层板边缘连通的平面时，刀具从边缘进入，决不可由里向外。冷却剂采用碳氟化物、喷头应与刀具保持一定距离，最好用四槽铣刀，刀刃要锋利铣刀为前倾角型。

4. 飞机复合材料修理工具的安全使用

飞机复合材料修理所用的树脂、胶、预浸料、胶膜、清洁剂、打磨时产生的粉尘等都是对人体有害的物质，有些人甚至对这些材料过敏。因此，当在狭窄的空间进行复合材料修理时，必须保持良好的通风，工作人员应佩戴防护口罩。否则，工作人员会感到不适，甚至会因吸入过多有毒气体而中毒。另外，在修理过程中，工作人员应佩戴防护手套、护目镜，并穿上工作服。如果对人体有害的修理材料喷溅到眼睛里，应立即用水冲洗并即时就医。如果修理材料挥发气体或打磨时产生的粉尘含量过高，可能会在高温或有明火、电火花的环境中发生爆炸。因此，当进行飞机复合材料修理时，应优先使用防爆设备，并尽量远离热源、电火花源和火源。

任务 5　复合材料修理常用设备的使用

任务描述

飞机复合材料在修理中涉及的设备有很多,根据其使用功能的不同,可分为材料存储设备、加热设备、加压设备、测量设备、除尘设备、切割设备与调胶设备等。

知识链接

5.1　材料存储设备

1. 冷藏冰箱、冰柜

飞机复合材料修理使用的预浸料、胶膜、树脂、胶都有其有限的存储寿命,需要储存在低温条件下。预浸料、胶膜、部分树脂和胶需要储存在低温冷藏冰箱中,温度为 −18 ℃以下,如图 2-39 所示。大部分树脂、胶的储存如图 2-40 所示。

图 2-39　预浸料、胶膜的储存　　　图 2-40　树脂、胶的储存

2. 卷料存放架

飞机复合材料修理中经常用到各种卷料,如纤维布、分离膜、真空袋、透气毯等,常使用卷料存放架来存放,如图 2-41 所示,这样可以有效减少储存空间并方便使用。

图 2-41 卷料存放架

5.2 加热设备

飞机复合材料修理有热修理和冷修理两种方式,在热修理固化过程中,必须对修理部位进行加热;在冷修理过程中,如果需要加速固化过程,也需要对修理部位进行加热。常用的加热设备有烘箱、热压罐、电热毯和热黏结控制仪、加热灯和热风枪。

烘箱、热压罐和电热毯的基本工艺要求:①烘箱和热压罐必须能够容纳所修理的部件,电热毯的尺寸至少比修理补片大 2.0 in。②加热设备必须能提供 1~8 ℉/min[①] 的升温速度,并且能够保证(350±10)℉以上的固化温度。③热压罐必须能够提供(85±15)psi[②] 的正压力。

1. 烘箱

烘箱是用电加热并用空气循环的加热设备。烘箱上安装有指示仪表和监控仪表,记录使用过程的时间和温度,如图 2-42 所示。

图 2-42 烘箱

2. 热压罐

热压罐用于复合材料制造和修理已经若干年,它是深度修理复合材料必须具备的加热设备,

---

① ℉为华氏度,℉=9/5 ℃+32。
② psi为磅/平方英寸,1 psi=6894.757 Pa。

一般包括以下几个基本单元：压力容器、加热和气体循环单元、气体加压系统、真空系统、控制系统和装卸系统。热压罐有多种不同的加热方式，包括外部热空气加热、蒸汽加热、热油加热和电加热等。热压罐可用充气、氮气和二氧化碳作为加压气体。热压罐的构造如图 2-43 所示。

图 2-43 热压罐

3. 加热灯和热风枪

加热灯和热风枪适用于对小面积或难以接近区域的修理进行加热。使用它们加热时，也要对加热区域的温度进行监控。它们的构型如图 2-44 和图 2-45 所示。

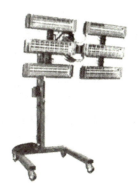

图 2-44 加热灯　　　　　　　　图 2-45 热风枪

4. 电热毯

常用的电热毯有两种：一种是常规电热毯，它一般不能折叠、弯曲，适用于平坦的结构上，如图 2-46 所示；另一种是柔性电热毯，该电热毯可根据修理件的形状弯折，以使得电热毯更好地贴盖在修理区域，如图 2-47 所示，柔性电热毯制造成本较高。

电热毯由特种硅橡胶和加热元件构成，可以制作成不同的形状和尺寸。电热毯适合存放在相对干燥的区域，存放时要避免重物或者锋利的物体压在它的上面。电热毯通常与热粘合控制仪配套使用。

图 2-46 常规电热毯

图 2-47 柔性电热毯

5. 热粘合控制仪

热粘合控制仪简称热补仪。包括主机和电源线、抽气管、热电偶线、真空座等附件，其构型如图 2-48 所示。热补仪是电热毯和抽真空设备的控制仪器，它可设定并控制电热毯的温升率、温降率、加热温度和保温时间，以及抽真空等，它的使用示例如图 2-49 所示。

图 2-48 热粘合控制仪

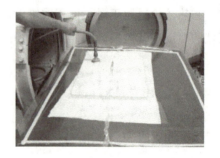
图 2-49 热粘合控制仪的使用

5.3 加压设备

在飞机复合材料修理中，为了达到理想的修理效果，需要对整个修理部件或某个修理部件施加压力。通常有三种加压方法：机械加压，通过各种夹具或沙袋加压；使用热压罐加压，通常要使用模具；抽真空加压，是最常用的加压方法。

抽真空加压设备包括真空袋、抽真空设备和真空度检查设备。抽真空加压的基本方法：首先用尼龙薄膜和真空封严胶条制作真空袋；然后在真空袋中放入真空座，并用抽气管连接真空座到真空泵上；接着打开气源抽出真空袋内的空气，从而使真空袋内外形成压力差，最终在真空袋上产生压力。真空压力一般保持在 74.5 kPa。

1. 真空袋

真空袋一般用尼龙薄膜和真空封严胶条制作，有三种基本类型：表面真空袋、自封真空袋和双自封真空袋。

1）表面真空袋

复合材料修理工作中，如果只需从工件的一面安装真空袋则应用表面真空袋法，此时修理部位的另一面必须密封起来以免漏气，如图2-50所示。

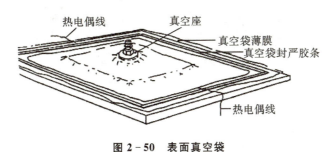

图2-50　表面真空袋

2）自封真空袋

在复合材料修理工作中，如果需要将整个部件密封起来则应用自封真空袋，它通常用来修理小部件。使用自封真空袋时，部件的所有表面上都承受压力，真空袋的开口端用真空封严胶条封住，如图2-51所示。

图2-51　自封真空袋

3）双自封真空袋

双自封真空袋用于管形结构的修理，它使管形结构的内表面和外表面同时加压。如果管形结构只有一边受压，结构将会破坏，如图2-52所示。

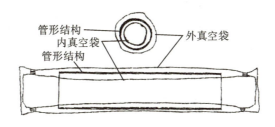

图2-52　双自封真空袋

2．抽真空设备

常用的抽真空设备有电动真空泵、气动真空泵和抽气管、真空座、真空负压表，如图2-53

和图2-54所示。抽真空设备必须能保持74.5 kPa的最低压力。电动真空泵适合于气源不易接近区域的修理，特别适合于航线工作。

图2-53　电动真空泵　　　　图2-54　气动真空泵

常用的真空度检查设备有真空度检查组件和超声波测漏仪。

真空度检查组件用于检测真空泄露和确定每分钟的泄露速率，其构型如图2-55所示。

图2-55　真空度检查组件及其使用

真空度检查组件的基本操作步骤如下：

(1)关闭真空度检查组件上的阀门，并将真空度检查组件安装到真空袋内的真空座上。

(2)打开阀门并抽气，直至在修理区域产生足够的真空压力(真空压力一般保持在74.5 kPa)。

(3)关闭阀门，观察真空负压表读数的下降。判断标准：每5 min下降0～13.5 kPa是可接受的；每5 min下降13.5～23.7 kPa则表示有明显泄漏；每5 min下降23.7 kPa以上表示真空袋制作失败，必须重新制作真空袋。

超声波查漏仪通过拾取高频声信号，如真空袋上非常小的泄露声音来探测真空泄漏。使用超声波查漏仪时必须使用耳机，以排除周围的噪声，其使用示例如图2-56所示。超声波查漏仪的基本操作步骤如下：

项目2 复合材料修理常用工具、设备及其使用

图 2-56 超声波查漏仪及其使用

(1)把耳机插入插座。
(2)戴上耳机并打开开关。
(3)把传感器置于真空封严胶条附近。
(4)调整音量和频率,使得真空泄漏的声音能被听见。

5.4 吸尘设备

1. 气动布袋吸尘器

气动布袋吸尘器的构型如图 2-57 所示,由塑料管、吸尘器和布袋组成。使用时只需将吸尘器接通气源既可用来清除复合材料修理过程中产生的少量灰尘、松脱的纤维和其他碎骨;同时因体积较小、便于携带,它在复合材料修理工作中大量使用。

图 2-57 气动布袋吸尘器

2. 移动式吸尘器

在飞机复合材料修理中,移动吸尘器主要有两方面的用途:一是用来清除修理过程中产生的灰尘、松脱的纤维和其他碎骨;二是用于吸取打磨区域的灰尘、碎骨。其构型如图 2-58 和图 2-59 所示,其中

图 2-59 构型还可与气动打磨工具配套使用。移动式吸尘器一般为电动式的,也有气动式的。

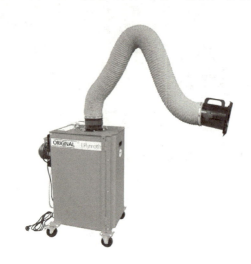

图 2-58 移动式吸尘器　　　图 2-59 可驱动气动工具的移动吸尘器

3. 室内固定式吸尘设备

室内固定式吸尘设备有密闭式和敞开式两种形式。在车间内部进行复合材料修理打磨工作时,特别是打磨工作量较大时,必须有室内固定式吸尘设备。若要保证较好的吸尘效果,安装在吸尘设备内部的过滤筒等过滤材料就显得非常重要,如图 2-60 所示。

图 2-60 室内敞开式吸尘设备和过滤筒

5.5　切割设备

1. 带锯

在飞机复合材料修理中,常使用带锯来切割蜂窝夹芯材或其他复合材料板材。用于切割复合材料的带锯锯条的锯齿数建议选用 14 齿/in,切割时下面要垫一块平整的木板,以防止分层。带锯的构型如图 2-61 所示。

2. 高压水切割机

高压水切割机用于复合材料制造工厂。它使用 206 843～344 738 kPa(30 000～50 000 lb/in²①)压力的水做介质,当水经过一个钻石或宝石上 0.2 mm 的小孔时便形成很细的高压水流,该高压水流就像锋利的切割刀。使用高压水切割机切割复合材料不会产生分层或毛边,也不会产生粉尘和烟雾,同时加工热会随水流带走,高压水切割机的构型如图 2-62 所示。

图 2-61 带锯　　　　图 2-62 高压水切割机

5.6 调胶设备

图 2-63 所示为某公司生产的树脂、胶调制混合机,使用调制混合机配置树脂、胶可以减少修理人员的工作量,同时使胶、树脂组分的混合更加均匀。

图 2-63 调胶设备

---

① lb/in² 为磅/平方英寸,1 lb/in² = 6.894 757 kPa。

5.7 测量设备

1. 千分尺、游标卡尺

千分尺、游标卡尺是标准的工程测量装备,常用来检测纤维织物、复合材料层压板、复合材料夹芯板、紧固件直径等尺寸。这两种测量设备有公制和英制两种计量单位。

2. 电子台秤

电子台秤较为精确可用来称量树脂、胶、纤维等的重量,在飞机操纵控制面配平工作中也用电子台秤量受力点的作用力数值。电子台秤的精度可以达到 0.1 g 甚至更小。复合材料修理中用到的电子台秤的构型如图 2-64 所示。

图 2-64 电子台秤及其使用

3. 压力表

压力表包括正压表和负压表。负压表在飞机复合材料修理中使用较多,它在抽真空加压工作中用来显示修理区域的真空负压力。负压表可以通过真空座安装在真空袋内,也可以安装在真空泵上。压力表构型如图 2-65 所示。

图 2-65 压力表及其使用

任务实施

1. 烘箱的使用

典型的烘箱操作规程如下：

(1) 开机前检查电路是否正常。

(2) 开机前检查烘箱内是否有可燃物，若有，将其去除。

(3) 烘箱工作过程中尽量避免打开柜门，若需要检查工件情况，应先关掉风机，且时间应尽可能短。

(4) 烘箱工作过程中，要经常检查烘箱是否处于正常状态。

(5) 取放工件时要戴防护手套。

(6) 完成工作后应关掉电源。

(7) 严格按照使用说明书对烘箱进行维护保养。

2. 热压罐的使用

典型的热压罐操作规程如下：

(1) 打开总电源，开启设备。

(2) 开机前检查，检查水箱、储气罐、干燥器。

(3) 连接真空管路。

(4) 连接热电偶。

(5) 走到控制屏幕前，设定固化曲线。

(6) 前往热压罐罐门处，使用罐门控制盒关闭罐门。

(7) 将罐门手动锁紧装置向下推到锁闭位置。

(8) 前往控制屏幕前，打开控制面板，启动热压罐。

注意：系统自动运行时应严密监控工艺执行是否正确；程序运行完毕后直至零件温度不高于 50 ℃，罐内压力为 0 时方可开罐取件。

3. 热补仪的使用

典型的热补仪操作规程如下：

(1) 程序设定：①开启一个新程序；②输入指定的修补程序名称，选择是否添加密码保护，设置程序的基本要求参数；③设置程序的报警点数据，选择准备使用的热电偶；④选择并输入程序修补过程的数据，比如温度的上升速率和维持时间等；⑤修改和确认所用程序，保存程序。

(2) 封装。

(3) 运行程序。注意：热补仪运行期间，切勿离开现场，否则可能出现烧伤零件及起火等事故。

项目拓展

复合材料常规的机械加工方法简单、方便,工艺较为成熟,但加工质量不高,易损坏加工件,刀具磨损快,而且难以加工形状复杂的工件。随着特种加工技术的发展,复合材料特种加工方法在复合材料加工领域的应用也越来越广,如激光束加工、电火花加工、超声波加工和高压水切割加工等都已应用于复合材料的加工。

1. 高压水喷射切割

高压水喷射切割使用的介质是 206 843～344 738 kPa 压力的高压水,经过一个 0.2 mm 的小孔,沿着预先规划路径用高压水喷射切割,允许以非常小的公差切割,用于已固化的零件或预浸料铺层的切割,以备机器或手工铺叠成复合料,加工热随水流带走。采用高压水切割具有精度高、不产生粉尘或烟雾、表面质量好、无二次加工、适用于自动化和较厚的零件等优点。

高压水喷射切割通常有两种类型:一种是无研磨水喷射切割,采用这种系统切割某些类型材料时,系统的加工能力受到材料厚度的限制;另一种是有研磨水喷射切割,系统能够切割密度大、较厚的复合材料。优点:①可切割多种复合材料,如金属基复合材料、树脂基复合材料、高分子材料等,不论材料软硬、熔点高低都可切割,尤其对硬度大、质脆的复合材料更为适用。②切缝表面质量高。边缘无毛刺和飞边,不会出现剥离和开裂缝,也不会由于水短暂暴露于边缘上而使材料性能下降,通常一次完成,不需要精加工。③由于水本身就是切割工具,被切割材料不会受热变形也不会产生磨损和卡刀现象。适合切割热敏材料,如环氧树脂。④切割力小,尤其是沿径向方向和侧向的力小,从而避免了零件由于附加应力而变形,对薄壁零件的切割非常有利。⑤加工效率高。⑥经济效益好。高压水切割的切缝较窄,亦可进行套切,可节省材料,特别是它能切割难加工材料和加工成复杂形状。目前航空企业广泛应用高压水切割钛合金材料,可以大幅降低切割成本。

2. 激光切割

激光切割是一种热工艺,通过激光照射到材料表面,使材料温度升高进而引起材料熔化,因此可以用于复杂、易碎构件的切割。然而对一些不允许发生碳化和热退化的材料采用激光切割是有限制的。激光切割分为激光汽化切割、激光熔化切割、激光氧气切割和激光划片与控制断裂四类。激光加工技术拥有普通加工技术所不能比拟的优势。

3. 超声波切割

随着纤维复合材料在航空航天领域得到越来越广泛的应用,传统的以高速铣钻为基础的切割技术已经明显力不从心,而超声切割技术可以有效地应对所有类型的复合材料。

超声切割技术的基本原理是利用一个电子超声发生器产生一定范围频率的超声波,然后通过置于超声切割头内的超声机械转换器,将原本振幅和能量都很小的超声振动转换成同频率的机械振动,再通过共振放大,得到足够大的、可以满足切割工件要求的振幅和能量(功率)最后将这部分能量传导至超声切割头顶端的刀具上进行预浸带的切制加工。超声波切割机利用超声波的能量将被切割材料的局部加热熔化,从而达到切割材料的目的。

超声切割典型的例子是对凯芙拉纤维的切割,用常规刀具几乎无法切断此类材料,而超声切割则很容易。另外复合材料加工所要求的工效越来越高,而超声切割可以获得高达 60 m/min 的切割速度,加工效率高。

传统高速加工方法在加工蜂窝材料时不可避免地会产生粉尘,对操作人员和工件本身造成污染,而且无法得到理想的表面和型面加工质量。而超声波切割属于无切屑加工,可以避免对操作人员和工件的污染,并可显著地改善工件型面质量。如果采用其他方法(如高压水加工、激光切割等),蜂窝工件会受潮或发生烧灼现象,而超声切割可以完全避免这些缺点。随着复合材料技术的发展及其在航空领域的广泛应用超声切割技术正在大范围替代以往的高速铣削、高压水切割和激光切割工艺。

巩固练习

1. 飞机复合材料修理常用工具按照用途可分为哪些种类,各举几例。
2. 飞机结构修理工作中,在复合材料上钻孔与在金属材料上钻孔所选用的钻头有什么不同?
3. 在复合材料上制孔应注意哪些事项?
4. 飞机复合材料修理工作中经常会用到注胶枪,试描述使用注胶枪注胶的基本方法。
5. 飞机复合材料修理工作中常用的加热设备有哪些?
6. 飞机复合材料修理工作中常用的加压设备有哪些?
7. 热补仪的操作规程是什么?
8. 真空袋包括哪些基本类型,各种类型的真空袋有什么特点?
9. 简述复合材料各种常规机加工方法的工艺要求和注意事项。
10. 复合材料有哪些特种加工方法?其各自的特点是什么?

项目3　飞机复合材料结构修理的手册查询

项目目标

知识目标：(1)掌握如何使用飞机结构修理手册及如何与其他修理手册的配合使用。

(2)熟悉飞机发动机的结构修理手册，了解发动机结构修理手册的查询方法。

能力目标：能够查询飞机结构修理手册(SRM)及其他修理手册，对实际损伤标准依据现行有效的手册进行相关的结构修理工作。

素质目标：(1)树立坚定的理想信念、强烈的爱党和爱国情怀。

(2)具备专业技能、职业素养，以及脚踏实地的工匠精神。

项目引入

针对飞机航线运行中一些常见的结构损伤情况，通过配合使用相应的飞机结构修理手册及其他修理手册，对实际损伤标准进行查询并依据现行有效的手册进行相关的结构修理工作。

任务6　飞机结构修理手册（SRM）的使用

任务描述

飞机的结构修理手册(SRM)按照 ATA 规范编制，是为用户提供飞机主要(基本)和次要(辅助)结构的识别、有关允许损伤和修理的说明性资料。对结构强度和寿命有重要影响的严重损伤，SRM 提供了将其结构恢复到满足设计功能要求的状态所需要的资料。SRM 是飞机维修人员修理飞机结构的主要依据。本任务以某飞机(图3-1)在航线运行中遇到常见结构损伤为基础，讲解飞机的 SRM 结构修理手册，介绍 SRM 结构修理手册的组成与内容，并通过实例说明如何查询与使用结构修理手册。

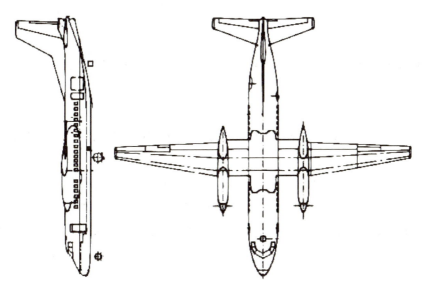

图 3-1 飞机右视图与俯视图

知识链接

6.1 飞机结构初步认识

飞机结构分为基本结构和辅助结构：

基本结构定义为在飞机设计极限内，飞机所有的机动飞行、起飞或着陆中，必须承受载荷的重要结构。基本结构可以包括被定义为辅助结构的辅助装备。所有基本结构的损坏可能引起结构断裂、失去控制或发动机失灵。

辅助结构是保证气动外形和支持系统设备的结构。载荷通过辅助结构传递到基本结构上，辅助结构的损坏不会直接影响飞行安全。

6.2 飞机 SRM 手册的简介

以某国产支线客机 SRM 手册为例，手册中一共包含 7 个章节，分别为：51 章《标准实施和结构》；52 章《门》；53 章《机身》；54 章《短舱》；55 章《安定面》；56 章《窗》；57 章《机翼》。

51 章《标准实施与结构》包含了结构修理知识的概述及一些标准的施工修理方式，如漆层修理方式、密封修理方式、复合材料修理方式等，例如其中子章节 SRM51-77-00 为标准复合材料的修理；之后的 52~57 章分别对飞机各部分进行了详细的结构损伤情况描述和相关的标准与修理方案。在航线运行或定期检修时，发现某个部位出现了损伤，就可以根据损伤部位对应的具体章节，通过 SRM 手册查询确认损伤的类型，找到相应的损伤标准，最后可以找到对应的修理方案。

任务实施

(1) 某飞机在短停时发现登机门内蒙皮有一道长 25.8 mm 的划痕,深度小于 0.3 mm,位置在受力结构之间。

首先,在此飞机相对应的 SRM 手册章节内找到 52 章,然后在 SRM52-13-00 找到登机门的总述,在 SRM53-13-10 中找到门的结构识别图,根据损伤实际位置,确定损伤为项目号 20 区域(内蒙皮),如图 3-2 所示。

在手册中找到损伤标准:内蒙皮上允许有长达 30 mm 的裂纹,但在受力构件之间的每段蒙皮上不得超过一条,允许有深达 0.3 mm 的擦伤。根据对比结构修理手册的标准我们可以得出,上面我们提到的损伤案例是在标准内的,并且同时可以看到在损伤标准内的修理标准:需在裂纹两端钻制直径为 3 mm 的止裂孔。修复时仅需将擦伤处磨光、抛光,再在加工处涂 XMS1621 底漆。

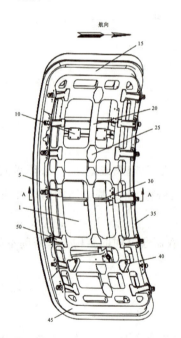

项目号	名称	材料	毛料尺寸	互换性	实施或修理	备注
1	外蒙皮	LY12-M-δ1.5	754 mm × 1706 mm			
5	登机门后框	2024-T351-δ85	220 mm × 1150 mm			
10	连接底座	2024-T351-δ75	47 mm × 156 mm			
15	登机门上框	LD5-CS(模锻件)				
20	内蒙皮	LY12-M-δ1.5	634 mm × 1535 mm			
25	垫板	Ly12-CZ-δ1.5	70 mm × 106 mm			
30	型材	LY12-CZ-XC141-19	L=154 mm			
35	登机门前框	2024-T351-δ85	220 mm × 1150 mm			
40	底座	LD5-CS(自由锻)				
45	登机门下框	LD5-CS(模锻件)				
50	支撑底座					
55	密封带					
60	压紧型材					
65	连接角片	LY12-M-δ2				
70	板弯件	LY12-M-δ1.8				
75	板弯件	LY12-M-δ18				
图号	Y7Ⅲ-0231-2000					

图 3-2 飞机结构修理手册中登机门结构介绍

(2) 某飞机航后检查发现,货舱门外蒙皮检查发现有擦伤,长度 60 mm,深度小于 0.1 mm,需处理。

首先,在此飞机相对应的 SRM 手册章节内找到 52 章,然后在 SRM52-31-00 找到货仓门的对应章节,在 SRM53-31-10 中找到门的结构识别图,根据损伤实际位置,确定损伤为项目号 1 区域(蒙皮),如图 3-3 所示。

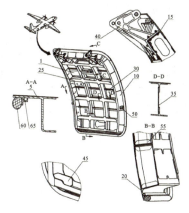

项目号	名称	材料	毛料尺寸	互换性	实施或修理	备注
1	蒙皮	2024-0-δ16	1200 mm×1300 mm			
5	前边梁	7050-T7451-δ150	1400 mm×200 mm			
10	后边梁	7050-T7451-δ150	1400 mm×200 mm			
15	上边梁	7050-T7451-δ150	1400 mm×200 mm			
20	下边梁	7050-T7451-δ100	1400 mm×200 mm			
25	纵梁	2024-T351-δ80	1006 mm×80 mm			
30	小纵梁	LY12-M-δ2	329 mm×40 mm			
35	组合横梁	组合件				
40	摇臂	2024-t351-δ50	152 mm×252 mm			
45	角盒	2024-T351-δ50	120 mm×100 mm			
50	负压挡块	7075-T7451-650	85 mm×45 mm			
55	角片	LY12-CZ-XC111-18	$L=68$ mm			
60	密封带	成品				
65	密封压边条	2024-T351-δ20	300 mm×300 mm			
图号	Y7Ⅲ-0378-0					

图 3-3　飞机结构修理手册中货舱门结构介绍

找到损伤标准：深度不超过 0.1 mm 长度在 200 mm 内的擦伤，是可以在翼进行修理的。修理方式：将锐边用钢丝或铝丝制的压平器压钝，用 180～200 目砂纸擦净损坏的底层边缘。用酒精洗去油脂，并用干净布擦净，最后涂 XMS1621 底漆完成修复。

对于货舱门来说，由于平时航线装运货物都比较频繁，而且有些货物体积较大，重量较大，在搬运时如果不加注意，很容易对货舱门内外蒙皮造成损伤。在发生损伤时，应该及时查阅手册标准，尤其发现超出 SRM 手册允许范围，不能在翼修理的损伤，处理不得当很可能会造成飞机不适航。

(3)某飞机航前检查发现，驾驶舱风挡玻璃窗骨架上存在深度小于 0.1 mm 的划痕，需完成处理。

首先对于驾驶舱风挡玻璃来说是属于 56 章，但是风挡的骨架在手册中它是和风挡区分开的，属于 53 章的内容。

在此飞机对应的结构修理手册内 SRM53-10-12 中找到驾驶舱风挡骨架的相关内容，如图 3-4 所示，查询到对应的损伤标准：骨架上允许有深度为 0.1 mm 以下的擦伤、压伤和锈蚀。修复的方式为修好并涂保护层。

对于驾驶舱风挡来说，这个部件位于机身前部的迎风面上，会存在更大概率的异物损伤与鸟击的发生，同时作为迎风面，会有很大的风阻，长时间的应力疲劳很可能对风挡骨架造成结构损伤。如果早期损伤未被及时发现，扩展后可能会造成驾驶舱气密性下降，对飞行安全造成隐患。

(4)某飞机短停绕机检查时发现，水平安定面前缘存在直径 3 mm，深度 1.5 mm 的凹坑，需完成处理。

首先，对于水平安定面的损伤，先找到对应手册的章节 SRM55-00-00 安定面部分，再在子目录里找到 SRM55-12-00 水平安定面前缘部分。水平安定面前缘是水平安定面的前部整流组件，外形气动性能要求较高，由于在其表面贴有除冰套，因此在使用过程中不易对蒙皮造成擦伤及划伤,但由于飞鸟及外来物等有可能撞击前缘,将撞伤前缘结构。

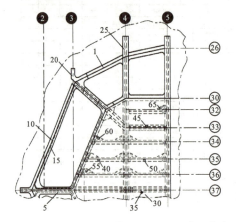

项目号	名称	材料	毛料尺寸/mm	互换性	实施或修理	备注
1	骨架型材	LD10(模锻件)				
5	垫板	LY12-M-δ2.0				
10	骨架型材	LY12-M-δ4.0				
15	风挡框架	LY12-BCZYU-δ80				
20	加强垫板	1Cr18Ni9Ti-δ2.0				
25	框缘上缘条	LY12-BCZYU-δ80				
30	蒙皮	2024-O-δ1.6				
35	长桁	LY12-M-XC211-30				
40	长桁	LY12-M-XC111-19				
45	长桁	LY12-M-XC211-59				
50	长桁	LY12-M-XC141-11				
55	接头	LY12-M-XC211-7				
60	接头	LY12-M-XC111-19				
65	接头	LY12-CZ-XC114-19				
图号	Y7III-0271-0-803					

图 3-4 手册中飞机驾驶舱风挡玻璃窗骨架结构介绍

在飞机短停时检查发现了前缘存在凹坑,查找到允许损伤标准。蒙皮外表面如果存在直径为 5 mm、深度不超过 1 mm 的点状压伤、撞伤,在不损伤内部构件的情况下允许不修理。对比后可发现,损伤的深度超标,需要修理。

在水平安定面前缘修理章节 SRM55-12-00,查找到修理程序,程序在给出水平安定面前缘拆装的程序后,提到:水平安定面前缘的构造与机翼前缘结构类似,其区别主要是零件的尺寸和形状,因此,水平安定面前缘的修理除涉及特殊技术要求外,其典型修理及修理说明完全按中央翼前缘修理。

根据手册链接到 SRM57-41-10 中央翼前缘修理部分,对于蒙皮有凹坑的修理程序如下:

(1)在前缘蒙皮上有小块压伤的情况下,作为特殊情况可以用钩子通过专门钻通的直径 3 mm 的孔修整蒙皮,如图 3-5 所示。

(2)蒙皮修整后,将孔扩大到直径 5 mm,再用螺纹空心铆钉堵住。

(3)空心铆钉和螺钉高出前缘蒙皮的高度不得超过 0.15 mm。

(4)前缘蒙皮上用加装空心铆钉排除的压伤总数,在整个前缘上不得超过 5 处。

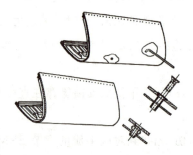

图 3-5 中央翼前缘修理示意图

(5)某飞机航后绕机检查时发现,内玻璃有两处碰伤,一处直径1.5 mm,深度0.3 mm,另一处直径1.8 mm,深度0.4 mm,需要完成处理。

首先找到SRM56章,查询到SRM56-11-00可以看到概述中对风挡玻璃的描述。风挡玻璃为两块电加温玻璃,分别位于左、右驾驶员的正前方,电加温玻璃由二层钢化和一层半钢化的硅酸盐玻璃组成。内层厚5 mm、中间层厚10 mm、外层厚5 mm。三层玻璃用PVB胶片胶合而成,玻璃四周用硅橡胶包边,在中间层玻璃和外层玻璃间夹有电加温元件导电膜。电加温玻璃通过压板和螺钉从机身外固定在风挡骨架上,并用法国玻璃腻子密封。电加温玻璃的功用是当电加温元件工作时,防止玻璃表面结冰和消除水雾,保证驾驶员的良好视界。

通过阅读风挡玻璃的组成,可以看出本任务中的损伤发生在内、中、外三层玻璃的内层玻璃。继续在手册中查询到允许损伤的标准:碰伤直径2 mm以内,深度在0.5 mm以内,在内层玻璃上不多于三处。对比可得两处损伤均在手册要求标准内。

同时在手册中可以看到,如果风挡玻璃出现下述缺陷,需对风挡玻璃进行更换:①玻璃表面层和内端面缺边;②电加温区域导电膜脱开;③接触器上的绝缘橡皮帽破损。

(6)某飞机航前绕机检查时发现,左侧内襟翼蒙皮表面有一划痕,长度150 mm,深度小于0.1 mm。

首先,查询SRM57章,在子目录中找到SRM57-52-00内襟翼章节,找到允许损伤标准:蒙皮外表面,允许深度为0.2 mm以下的划伤和擦伤,其长度不超过250 mm。对应的修理方式是可用圆钢棒辊压,把锐边压平,但勿使蒙皮变形,然后用180目砂纸打光,再用涂研磨膏的毡轮抛光,除去油脂涂环氧锌黄底漆(H06-3)后再涂丙烯酸清漆(B01-15)加5%铝粉丙烯酸磁漆,最后涂丙烯酸清漆(B01-15)完成修理。

(7)某飞机左侧内襟翼蒙皮表面发现有裂纹,需要立即完成修理。

由于允许损伤标准没有提到裂纹的标准,通过查阅手册,找到内襟翼的修理章节,如图3-6所示,对于内襟翼蒙皮修理的要求如下:①内襟翼蒙皮上出现裂纹需要加垫板修理的,可以分为裂纹靠近承力件和远离承力件两种情况。②所有补板的总面积,不应超过蒙皮面积的10%。③当内襟翼蒙皮上裂纹数量超过3条,且靠近襟翼梁处有深度超过2 mm的压坑或深度超过厚度10%的划痕时,应将整张蒙皮换掉,新换上的蒙皮的材料和厚度均应和所更换的蒙皮一致,新换蒙皮应进行阳极化处理并涂环氧锌黄底漆。

根据手册要求发现,只有在裂纹的情况符合上面三个条件时,才可以继续进行修理程序,否则需要更换整张蒙皮。若出现的裂纹是靠近承力件的,则修理方式如下:①将内襟翼从大支架上卸下,平放在托架上。②确定损伤部位及损伤裂纹的长短,确定加强形式及加强板大小。③做特制垫板,垫板的材料及厚度与蒙皮一致,阳极化处理后给垫板涂环氧锌黄底漆H06-3。④拆下内襟翼尾边条,将内襟翼上表面蒙皮由后缘往里折。⑤靠近承力件的裂纹两端需钻止裂孔,对于不好施工的,可将垫板加在蒙皮外表面,板的周围要切成与材料厚度相等的倒角45°,使用金属胶(BMS5-92)将垫板黏结于有裂纹的损伤处(涂胶前应将涂胶处清洗干净),然后铆接加强板。对于个别铆钉铆接施工有困难的,可使用抽钉,但抽钉数量不得超过铆钉总数的20%。⑥将内襟翼蒙皮及尾缘条铆接恢复,然后将内襟翼装在大支架上并作收放运动,检查内襟翼运动是否满足要求。⑦施工中,蒙皮表面涂漆有碰掉或脱落的,先涂丙烯酸清漆(B01-15)加5%铝粉丙烯酸磁漆,然后涂丙烯酸清漆(B01-15)。

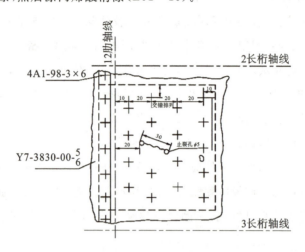

图 3-6 飞机内襟翼蒙皮修理加强方案示意图

任务 7　飞机结构修理手册与其他手册的配合使用

任务描述

当航线与定检维护中遇到飞机结构损伤时,工作中不仅仅通过 SRM 结构修理手册就能解决实际问题,往往是需要多种手册配合使用最终完成结构损伤的处理。例如最常用到的 AMM 飞机维修手册、CMM 部附件修理手册中,也有很多涉及结构修理及复合材料修理的相关内容。因此对飞机复合材料结构损伤修理时,需要飞机结构修理手册与其他手册的配合使用。

知识链接

在 SRM 结构修理手册中往往不涉及部件的拆装,但当遇到需要离位修理时,就需要用 AMM 飞机维修手册,先将需要修理的部件拆下来,再继续修理。也就是说,每个手册都有它主要的功能,在实际维护中需要用到哪个功能,就需要在对应的手册中完成查询,执行工作。

(1)下面以某飞机机身中段 11~40 框之间地板出现损伤为例,说明飞机结构修理手册与

AMM 飞机维修手册的配合使用。

根据此飞机结构修理手册 SRM53-22-10 章节找到中段 11～40 框地板的描述如下：

中段 11～40 框地板为蜂窝夹层结构地板，是由上、下面层与蜂窝芯层胶接成一体的高密度平板。其芯层为 Nomex 纸蜂窝，上、下面层为预浸环氧树脂的单向玻璃纤维平板。11～14 框之间地板上、下表面各有一层阻尼铝箔，其余地板只有下表面有一层阻尼铝箔。此材料构成的地板重量轻、刚度大、阻燃、降低噪声，如图 3-7 所示。

项目号	名称	材料	毛料尺寸/mm	互换性	实施或修理	备注
1	地板	BMS4				
5	阻尼铝箔	SJ-2052-1002 型				11～14 框上面层也有
图号	Y7Ⅲ-0340-0A					

图 3-7　手册中飞机蜂窝夹层结构地板

对于地板面允许损伤的标准，首先在阻尼铝箔上，允许有不伤及地板表面的划伤。其次对于芯材损伤来说，蜂窝芯周围允许有深度不大于 1/3 蜂格尺寸的封边材料脱落，蜂窝芯周边封边材料损伤。超出此要求，则用 EC3524 胶重新填满。但同时手册中也提到：上面这些允许损伤的数据，包括仅需做少量修理、涂胶就能满足设计要求的损伤。如果损伤情况为涂胶修理也无法继续满足设计要求，那就需要另行修理或更换地板。

在手册修理章节中，查阅到涂胶能满足设计要求的损伤，修理步骤如下：

①修理前的准备：按顺序将旅客座椅和地毯拆除（旅客座椅和地毯的拆除参考飞机维修手册 25-21-11、25-25-00）。②若地板表面铝箔层划透，应更换铝箔层，用 FM123-2 胶膜粘接。③面板分层面积在 30 mm² 以下时，可注入环氧胶粘接，固化后打磨光，贴上面层；分层面

积超过 30 mm² 更换新件。④周边蜂窝芯损坏,用 EC3524 胶填充固化后再用细砂纸打磨光滑。⑤修理完毕后,依据飞机维修手册程序将地板及上方座椅恢复。

通过上面的修理过程可以发现,在蜂窝夹层结构地板修理的第一步修理前准备和最后一步修理后的恢复,都涉及了 AMM 飞机维修手册的使用。

(2)对于无法完成结构修理的损伤或者程度超出了 AMM 或者 SRM 给出的标准的损伤,无法修复到原有功能,应该考虑更换结构损伤部件,用另一种方式来保证飞机的适航性。而部件的更换往往是需要参考 AMM 飞机维修手册的程序来完成的,这也是手册配合使用的一种思路。对于 AMM 飞机维修手册在结构修理的使用方式来说,另一个主要的作用是在外场维护当遇到飞机结构损伤及复合材料损伤时,可以先在 AMM 手册中查询相关损伤标准,确定飞机的损伤类型、损伤程度,从而确定飞机是否适航。

任务实施

以 A320 飞机在航线维护中遇到雷达罩损伤为例,首先查阅 AMM 飞机维护手册,确认飞机雷达罩的损伤标准。在空客 AMM 飞机维护手册找到雷达罩对应的章节号。大家知道雷达系统属于 ATA34 章,但是在 34 章中是找不到雷达罩的相关内容的。从空客编写手册的思路来说,其认为雷达罩是属于机身部分,所以需要在 ATA53 章机身这一章节中找到雷达罩的损伤标准。

在飞机维护手册中查询到 AMM53-15-11PB601 给出了两个检查程序:对 AMM TASK 53-15-1-200-001-A 适用于凯芙拉(KAVLAR)和石英(QUARTZ)材质的雷达罩。对 AMM TASK 53-15-11-200-001-A01 适用于玻璃纤维(GLASS)材质的雷达罩,如图 3-8 和图 3-9 所示。

```
TASK 53-15-11-200-001-A
Detailed Inspection of the Radome
FIN: 1560WM

    WARNING: BE CAREFUL WHEN YOU USE CONSUMABLE MATERIALS. OBEY THE MATERIAL MANUFACTURER'S INSTRUCTIONS
             AND YOUR LOCAL REGULATIONS.

    WARNING: DO NOT OPEN THE RADOME IF THE WIND SPEED IS MORE THAN 25 KNOTS.

    CAUTION: MAKE SURE THAT THE TEMPORARY REPAIR STAYS IN THE CORRECT CONDITION UNTIL YOU DO THE PERMANEN
             T REPAIR.

 1.  Reason for the Job
     This procedure is applicable to:
     -   The KEVLAR radome (P/Ns D5311047700001, D5311047700002, D5311047700003, D5311047700004 and D5311047700005)
     -   The QUARTZ radome (P/Ns D5311047700006, D5311047700007 and D53132010000).
```

图 3-8　AMM 手册中凯芙拉 2(KAVLAR)和石英(QUARTZ)材质的雷达罩描述

```
TASK 53-15-11-200-001-A01
Detailed Inspection of the Radome
FIN: 1560WM
```

WARNING: BE CAREFUL WHEN YOU USE CONSUMABLE MATERIALS. OBEY THE MATERIAL MANUFACTURER'S INSTRUCTIONS AND YOUR LOCAL REGULATIONS.

WARNING: DO NOT OPEN THE RADOME IF THE WIND SPEED IS MORE THAN 25 KNOTS.

CAUTION: MAKE SURE THAT THE TEMPORARY REPAIR STAYS IN THE CORRECT CONDITION UNTIL YOU DO THE PERMANENT REPAIR.

1. Reason for the Job

   NOTE: This procedure is applicable to the S2 GLASS radome (P/N D53132110000 and P/N D53132210000).

图 3-9　AMM 手册中玻璃纤维(GLASS)材质的雷达罩描述

以手册程序中 AMM TASK 53-15-11-200-001-A 涉及的凯芙拉和石英材质的雷达罩为例。

第一步,根据 AMM 手册要求,确认除掉漆外的损伤不在雷达罩与机身的连接区域(雷达罩锁扣处与接耳连接处),如图 3-10 所示。如果损伤出现在这个区域,需要更换雷达罩。

(a) 测量损坏区域之间的距离。

　　1 两个邻近区域间的距离,X,必须大于 Xmin。Xmin 必须小于等于 300 mm(11.8110 in.)且大于等于 max.(dia.i,dia.j)。

　　2 如果 X 小于 X 的最小值,则有 1 个损坏区。

　　3 如果 X 小于或等于 300 mm(11.8110 in.)且大于等于 X 的最小值,则有 2 个不同的损坏区。

　　4 如果 X 大于 300 mm(11.8110 in.),则有 2 个不同的损坏区。

(b) 测量修理区之间的距离。

　　1 修理之间的最小距离为 150 mm(5.9055 in.)。

(c) 测量损坏区域 B 和区域 A 之间的距离。

　　1 在损坏和区域 A,C 之间的距离必须大于 C 的最小值=0 mm(0.0000 in.)。

　　2 如果 C 大于等于 Cmin,则允许修理。有关许可的损坏参见随后的段落。

　　3 如果 C 小于 C 的最小值:

　　　　— 立即拆下雷达天线罩(参见任务 53-15-11-000-001),然后将其送到维修站。

　　　　— 安装一新的雷达天线罩(参见任务 53-15-11-400-001)。

图 3-10　AMM 手册中雷达罩损伤区域图示

第二步,需要检查损伤之前间距,以及与之前旧损伤(如有)之间间距。

根据 AMM 手册上的描述,如图 3-11 所示。如果雷达罩两个新损伤之间的距离大于 300 mm,这就可以认定为两处损伤,如果小于手册中规定的距离,就可以认定为一处损伤。同样手册也给出了新损伤与旧损伤之间的测量关系。

第三步,在 AMM 手册中找到凯芙拉和石英材质的雷达罩外部损伤检查标准,主要涉及的损伤包括划痕、掉漆、烧蚀点(雷击点),以及分层。

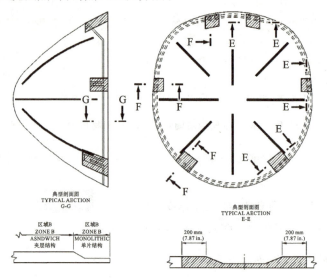

图 3-11 AMM 手册中雷达罩损伤

1. 雷达罩划痕、凿痕和小坑

雷达罩划痕、凿痕和小坑的检查标准如下:

(1)单处损伤超 250 mm,立即更换雷达罩。

(2)对于多处损伤,最多允许有 5 处,每处小于 50 mm。

(3)划痕损伤最多只能是最外面一层复合材料织物划伤,如发现第二层也划伤,应更换雷达罩。

(4)损伤未超标,必须立即完成贴聚氨酯胶带临时修理。

2. 雷达罩掉漆

(1)总掉漆面积不能大于 490 cm^2。

(2)贴聚氨酯胶带以完成临时修理。飞机使用聚氨酯胶带处理损伤后实物如图 3-12 所示。

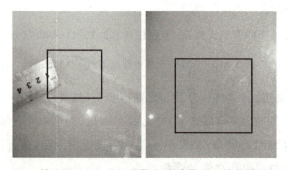

图 3-12 某公司 A320 飞机用聚氨酯胶带处理损伤效果对比图

3. 雷达罩烧蚀点

雷达罩烧蚀点通常由雷击导致,手册中的程序仅适用于雷达罩上的金属导电条及金属锁定手柄。导电条螺丝和导电条上允许有烧蚀点;锁定手柄上如有烧蚀点,需完成手柄操作测试,正常后允许放行飞机。

4. 区域 B

区域 B(安装接头以外区域)的分层、脱胶和凹坑的检查如下:

(1)首先需要完成敲击检查确认损伤分层区域的大小(分层大小不能靠目视确定,需要用特定的敲击工具,依据程序划分区域完成敲击测试)。

(2)损伤尺寸小于或等于 50 mm,贴聚氨酯胶带,600 飞行小时内完成注胶修理。

(3)损伤尺寸大于 50 mm 小于 250 mm,贴聚氨酯胶带,600 飞行小时内更换雷达罩。

(4)损伤尺寸大于或等于 250 mm,立即更换雷达罩。

第四步,在 AMM 手册中找到凯芙拉和石英材质雷达罩的内部损伤检查标准(需要打开雷达罩进行检查),对于雷达罩内部划痕、凿痕和凹坑的检查标准类似外部检查标准,同样对于雷达罩内部分层、脱胶和凹坑检查也类似外部检查标准,具体可参考 Subtask53-15-11-220-052-A。

对于雷达罩内部损伤我们详细介绍一下穿孔的检查(雷达罩内最多允许有 5 个穿孔):

(1)尺寸不大于 50 mm,贴聚氨酯胶带,600 飞行小时内完成注胶修理(对于凯芙拉和石英材质雷达罩外部穿孔是不允许贴胶带临时修理的,而内部穿孔标准相对宽松)。

(2)尺寸大于 50 mm,更换雷达罩。

其次,对于玻璃纤维材质的雷达罩,它的损伤检查标准与上面我们讲解过的凯芙拉/石英材质的雷达罩有些许不同之处。AMM 53-15-11-200-001-A01 是适用于玻璃纤维(GLASS)材质的雷达罩检查程序。翻阅程序可以看到玻璃纤维材质雷达罩损伤检查和凯芙拉/石英材质的雷达罩主要差异在对外部表层穿孔(蜂窝层未损伤,尺寸小于 50 mm)的处理。对于该种损伤,凯芙拉/石英材质的雷达罩必须完成注胶修理后才能放行飞机,玻璃纤维材质雷达罩可以在临时贴聚氨酯胶带后放行飞机,并在 600 飞行小时内完成注胶修理。

综上所述,对于在空客 A320 系列飞机航线维修中遇到的典型由复核材料构成的雷达罩出现损伤,可以按如下思路处理:

(1)接到雷达罩损伤报告后,首先确定雷达罩材质,以确定检查标准选择 AMM TASK 53-15-11-200-001-A 和 AMM TASK53-15-11-200-001-A01 中的哪一个。

(2)雷达罩损伤 AMM 检查标准修订较为频繁,应以现行有效手册为准。

(3)雷达罩分层尺寸的大小需通过敲击检查确定,不能目视确定,必要时寻求专业受训人员。

(4)对于雷达罩穿孔的处理要谨慎,标准较严格,对于外部表层穿孔损伤(蜂窝层未损伤,尺寸小于 50 mm),按手册凯芙拉和石英材质的雷达罩是不能放行的,必须完成注胶修理;玻璃纤维材质的雷达罩可以在贴聚氨酯胶带后放行飞机,600FH 内完成永久修理。

对于飞机雷达罩损伤，AMM 飞机维修手册中包含了飞机发现损伤时给出损伤的认定情况及检查的标准。在确定好雷达罩的损伤标准后，在 AMM 53-15-11-300-001-A 中我们查询到雷达罩的修理程序，如图 3-13 所示。修理程序分为临时修理和永久性修理，临时性修理为上面提到的使用聚氨酯胶带对雷达罩完成临时修理，永久性修理为在损伤处注入树脂进行修补，但修理的前提条件是损伤处直径不能大于 50 mm。

在 AMM 飞机维修手册中提到的修理程序局限性很大，只有损伤直径不大于 50 mm 才能依据 AMM 中程序完成修复。如果损伤直径大于 50 mm，就需要配合使用空客 A320 系列飞机的 CMM 部附件修理手册，完成对雷达罩的修复。在 CMM 修理手册中雷达罩对应章节为 CMM 53-15-11，对于具体的修理程序，本项目中不再一一赘述。

```
REPAIR .....                                                                     6001
  1. Radome Repair                                                               6001
  2. Resin injection (definitive repair up to 50 mm) .....                       6012
  3. Sandwich zone - Wet lay-up process with quartz hybrid dry fabric
     and resin - Through repair by the inside on a two-phase process
     (Heat Blanket) - Ø max = 500 mm (19.68 in) .....                            6016
  4. Sandwich zone - Hot molding process with pre-preg fabrics -
     Through repair by inside on a two-phase process (Heat Blanket,
     autoclave or oven) - Beyond 200 mm (7.87 in) away from the
     monolithic area .....                                                       6033
```

```
                        AIRBUS
              COMPONENT MAINTENANCE MANUAL
              D53110477 - D53132010 Series
              TABLE OF CONTENTS (Cont'd)

SUBJECT                                                                          PAGE
  5. Sandwich zone - Hot molding process with pre-preg fabrics -
     Through repair by inside on a one-phase process
     (Heat Blanket, autoclave or oven) - Beyond 200 mm (7.87 in) away from the
     monolithic area .....                                                       6056
  6. Sandwich zone - Hot molding process with pre-preg fabrics -
     Repair by the outside on a one-phase process (Heat blanket) -
     Beyond 200 mm (7.87 in) away from the monolithic area - Ø max
     = 500 mm (19.68 in) .....                                                   6077
```

图 3-13　CMM 手册中雷达罩修理

任务 8　飞机发动机结构修理手册的使用

任务描述

空客 A320 系列飞机选装的 V2500 发动机进气道是一种典型的由复合材料构成的发动机部件，对于飞机发动机结构修理来说，需要查询的修理手册往往是发动机厂家所提供的特定手册(NSRM)，这一部分内容在空客的 SRM 结构修理手册中往往无法查到。以飞机航线运行中发生的损伤实例作为切入点,了解发动机进气道常见损伤,学习发动机 NSRM 结构修理手册的内容与使用方式,建立使用 NSRM 的思维模式。

知识链接

对于空客 A320 系列的飞机来说,在 LEAP 发动机问世以前,选用的发动机型号基本为两种:由 IAE 生产的 V2500 发动机和由 CFM 生产的 CFM56 发动机。其中,V2500 发动机进气道是一种典型的复合材料。图 3-14 所示为某航空公司梳理 2019 年至今的 V2500 进气道损伤情况数据,在送修的 51 个进气道中,损伤类型以 5 至 7 点钟位置分层/鼓包为主,共记 44 个。

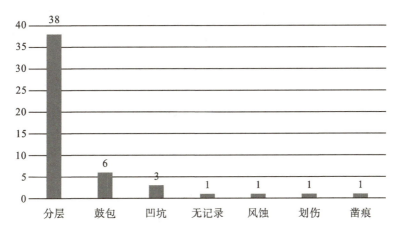

图 3-14 某公司 2019 年至今的 V2500 进气道损伤情况数据

目前调查研究认为维修工作中保护不够或没有保护的踩踏是造成损伤的主要原因。由于故障常见于 5 至 7 点钟位置,雨水容易聚集浸泡,颗粒杂质风蚀等也是一方面的原因。图 3-15 所示为典型的分层。

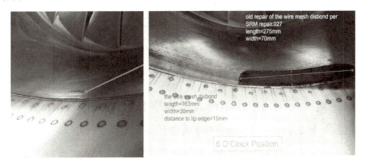

图 3-15 典型分层

8.1 V2500 发动机进气道的构成

进气道内表面的结构分为六部分,分别是:①编织层表面覆盖物;②编织纤维内表面覆盖物;③蜂窝结构;④中间隔膜胶合板;⑤第二层蜂窝结构;⑥内表面。

8.2 在飞机航线维护中最常见的进气道损伤

在飞机航线维护中最常见的进气道损伤包括：划痕、外来物导致的凹坑损伤，以及分层鼓包。当发现损伤时，第一步需查询手册，确认已知的损伤是否在厂家手册的标准内。如果在标准内，可以办理暂缓修理程序，飞机继续运行。如果损伤尺寸超出了厂家手册给出的标准，飞机需要先完成修理，后再投入运行。

任务实施

某日某航空公司 A320 飞机在执行西安—银川航班任务时，短停发现 1 号发动机进气道出现鼓包，经测量鼓包范围超标，飞机无法继续飞行，停场排故，造成了一起飞机 AOG 事件。所测量鼓包尺寸为长 220 mm，宽 120 mm。

在 Goodrich 厂家手册目录中，找到 54-10-00 进气道这一章节，如图 3-16 所示，点击允许的标准；对于 3 块消音板组成的进气道在厂家手册找到 V2500 SRM54-10-00-AD FIG104，找到鼓包的损伤标准，如图 3-17 所示。

图 3-16　V2500 发动机 HSRM 手册目录

(1) 若分层边缘距离周围别的损伤边缘大于或等于 0.25 in(6.35 mm)，那么消音层金属丝网分层允许最大直径为 1.5 in(38.1 mm)；必须每隔 600 个飞行小时/750 飞行循环/100 天(先到为准)重复检查；在 6000 飞行小时/4500 飞行循环/20 个月(先到为准)内执行修理。

(2) 若分层附近有旧修理，那么之间的距离至少 5 in(127 mm)，且分层边缘距离消音板蜂窝芯边缘大于 1.5 in(38.1 mm)；最大允许分层直径不超过 3.15 in(80 mm)；必须每天重复检查，在 100 飞行小时/133 飞行循环/100 天(先到为准)内执行修理。

项目3 飞机复合材料结构修理的手册查询

图 3-17 V2500 发动机 NSRM 手册中分层/鼓包标准

对比案例中损伤尺寸长 220 mm，宽 120 mm，显然已经超出了厂家手册标准，所以飞机需要停场进行修理。关于修理程序可以继续查阅手册，如图 3-18 所示。

图 3-18 V2500 发动机 NSRM 手册中进气道鼓包修理程序

依据 V2500 SRM54-10-00-REPAIR035（图 3-19）可进行 V2500 发动机进气道金属丝网大面积损伤修理；对于最大损伤面积不超过 144 in²（929 cm²）的损伤，且损伤边缘间距离不小于 2 in(50.8 mm)，损伤在环向 120°～240°的范围内可以在翼修理；否则拆下进气道调整进气道环向位置执行修理。若在翼修理，停场时间至少为 2 天，若非在翼修理，停场时间约为 3 天。具体的修理流程可以参考 Goodrich 厂家手册内具体章节，这里不再赘述，最后应注意在实际查询损伤标准及修理程序时均应参考现行有效的厂家手册。

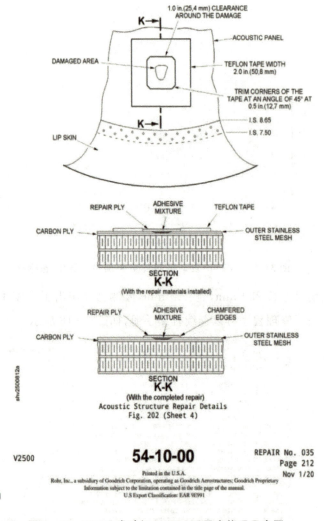

图 3-19　V2500 发动机 NSRM 手册中修理示意图

项目拓展

飞机结构修理,尤其是复合材料结构修理是一个相对复杂的程序,在修理的过程中需要使用多种手册,才能完成修理目标。本项目对 SRM 飞机结构修理手册、AMM 飞机维修手册、CMM 部附件修理手册,以及 V2500 发动机的 NSRM 手册的学习,仅是对飞机复合材料结构修理相关飞机维修手册使用的一个初步认识。

项目 4　飞机复合材料结构损伤的检测方法

项目目标

知识目标：(1) 掌握复合材料结构损伤的目视检测和敲击检测。
　　　　　　(2) 掌握复合材料结构损伤的超声检测技术。
　　　　　　(3) 掌握复合材料结构损伤的射线检测技术、涡流检测技术。
能力目标：能够合理选用复合材料结构损伤的各种检测方法，包括目视检测、敲击检测、超声检测、射线检测、涡流检测等。
素质目标：(1) 具备严谨规范、精益求精、吃苦耐劳的优良品质。
　　　　　　(2) 具有质量意识、安全意识和对职业的敬畏之心。

项目引入

飞机的复合材料构件从制造到服役使用过程都可能会产生各种缺陷和损伤。无损检测，又称无损检验，是在不伤及被检测对象未来使用性能的情况下，采用声、光、电、物理、化学、机械等多种方法对材料内部连续性或缺陷进行非破坏性检测，检验工艺和产品质量的符合性、系统运行的安全性，进行结构或者零部件的无损检测、材料微结构与性能评价、缺陷或者损伤评估、使用寿命关联分析、结构安全预测等。

复合材料无损检测就是针对复合材料在材料研发、工艺研究、结构制造与产品服役过程可能产生的缺陷及其损伤行为，通过研究建立相应的无损检测方法和缺陷判别方法，采用合适的检测仪器设备，建立专门的检测标准与规程等，在不损伤复合材料未来使用性能的条件下，检验复合材料制备过程与制造工艺的符合性，为复合材料结构的质量与服役、结构完整性与安全性评估、结构修理等提供基础数据和评估数据输入。目前可以用于复合材料工艺缺陷无损检测与评估的方法主要包括目视检测(Visual and Optical Testing，VT)、超声检测(Ultrasonic Testing，UT)、射线检测(Radiography Testing，RT)、电磁检测(Electromagnetic Testing，ET)、磁粉检测(Magnetic Particle Testing，MT)、声振检测(Sonic Testing，ST)、声发射检测(Acoustic Emission Testing，AET)等传统无损检测方法，还包括激光超声(Laser Ultrasonic，LU)检测、电磁超声(Electromagnetic Ultrasonic，EU)检测、空气耦合超声(Air-coupled Ultrasonic，

AU)检测、超声(Time Of Flight Diffraction,TOFD)检测、相控阵超声(Ultrasonic Phased Array,UA)检测等新方法。

任务 9　复合材料结构损伤的目视检测

任务描述

目视检测(目视检验)是飞机复合材料制造、维修和外场检测人员常用的一种检测方法,也是用于缺陷确认的一种检测方法。随着材料、工艺和产品损伤容限设计技术的进步和提升,尤其是对于大面积装机应用的飞机复合材料结构的外场检测和外场原位检测,有效可靠的目视检测有着十分重要的作用和功效。从无损检测结果的直接可靠性和置信度考虑,当无损检测发现的缺陷能够做到目视可见(现)时,其认同程度才是最高的。从广义上讲,所有的无损检测方法都离不开目视检测,因为最终都通过检测人员目视检出结果并作为相应的评判。

知识链接

9.1　目视检测原理

目视检测是指利用眼睛单独或者借助各种辅助工具,根据所观察到的视觉敏感信息对被观察对象的状态做出判断的一种过程。目视检测通常可以借助手电筒、放大镜或者各种形式的内窥镜等仪器工具辅助进行。

对零件进行目视检测的三个基本前提:①被检零件表面必须有合格的照明度,即保证被检零件表面要有清晰的目视光照度;②从事目视检测的人员必须要有合理的目视能力;③从事目视检测的人员通常必须进行过专门的培训,高级目视人员还需要有足够的材料、工艺、环境、缺陷成因等相关背景知识和经验。

目视检测是基于检测人员视觉和对材料、工艺、结构等背景知识的掌握与经验,通过对目视得到的信息进行观察和分析,得出被检测制件表面是否存在缺陷的一种无损检测方法,它可以利用眼睛及一些电子光学辅助仪器、工具等获取不同制件的不同部位的表面光学图像信息,实现目视检测结果的静态和动态图像照片记录、视频记录,进行检出缺陷的测量和表征。目视检测通常都需要借助眼睛来完成。原理如图 4-1 所示,理论上,任何物体的表面在光照时都会形成反射/散射光,当眼睛与被观察表面距离在 610 mm 内,观察角不小于 30°时,可以获得最佳的目视效果。

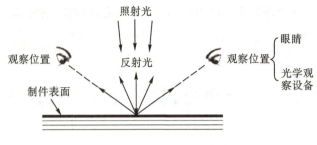

图 4-1 目视检测原理

为了获取理想的光照度,直接目视检测通常需要借助光照设备,间接目视检测和远场目视检测通常借助各种内窥镜实现。目前目视内窥镜自身都带有光源,因此,通常不需要额外的光照辅助设备。目视检测方法已成为航空、航天、能源、压力容器和建筑等许多工业领域一种非常重要的无损检测方法。

9.2 目视检测方法的分类

目前国际上通常将目视检测方法归为两大类:直接目视检测方法和远场目视检测方法。

1. 直接目视检测方法

直接目视检测方法是指借助反射镜、望远镜、相机或者其他合适的仪器等辅助工具,通过眼睛直接观察进行检测的方法,其特点是直接目视检测,检测人员与被检测的制件表面之间的目视距离一般不超过 610 mm,观察角度一般不小于 30°,如图 4-2 所示。ASME 手册中也规定在此范围内直接目视检测效果最佳。

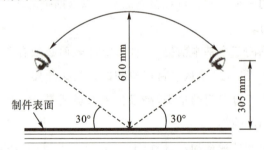

图 4-2 直接目视检测距离和角度要求

2. 远场目视检测方法

远场目视检测方法可分为:管道探测镜法(刚性内窥镜法)、纤维镜法、视频镜法。这些方法是随着电子光学器件的发展和实际检测需求相继推出的三种远场目视检测方法。

1)管道探测镜法又称刚性内窥镜法

由于这种目视检测方法所使用的内窥镜是一种刚性结构,因此,主要是用于直线方向可接近的制件表面的目视检测,如图 4-3 所示。近 10 年来,刚性内窥镜有了非常快速的发展,它可以直接将被检测制件的图像与外接的视频图像显示器进行连接,形成视频图像显示。刚性内窥镜目视检测方法最大优点之一就是图像的分辨率非常高,所用的刚性内窥镜不容易损坏,成本低,便于维修,角度可调,而且防水防气。

(a) 目视刚性内窥镜　　(b) 带视频输出的刚性内窥镜

图 4-3　典型的刚性内窥镜

2) 纤维镜法

纤维镜法是使用一种具有柔性特点的光纤镜进行目视检测,尽管这种光纤镜获得的图像不如刚性内窥镜清晰度高,但用它可以接近刚性内窥镜无法接近的制件部位。近年随着纤维镜的视频化发展,还可以实现视频检测,如图 4-4 所示。

(a) 纤维内窥镜　　(b) 带视频输出的纤维内窥镜

图 4-4　典型的纤维内窥镜

3) 视频检测方法

在内窥镜和纤维镜目视检测方法中都需要通过肉眼观察,容易引起视觉疲劳,从而影响检测效果和检测可靠性,在刚性内窥镜和纤维镜目视检测方法基础上,推出了视频镜目视检测方法,它能将被检测制件表面的观察区直接通过内窥镜和显示器再现,从而可以实现视频目视检测,如图 4-5 所示,检测结果也可以永久性记录。目前在检测复合材料制件的一些内腔结构部位,如蜂窝孔格结构,得到较好的应用。

图 4-5　典型的视频内窥镜

任务实施

在很多情况下,目视检测及目视检测结果是不可替代的,在机体结构和发动机中适用于目视检测常见的缺陷主要包括冲击损伤、表面裂纹、腐蚀、脱粘、鼓包、凹坑、压坑、连接部位的裂纹、烧伤等常见复合材料缺陷,以及在复合材料制件表面有显现特征的损伤、干斑、贫脂等缺陷。此外利用目视检测还可以及时发现复合材料在工艺制备过程中产生的一些材料缺陷,如外来物、多余物、纤维拼接缝、纤维屈曲等制造过程中由于现场操作失误带来的早期缺陷,通过目视检测和及时纠偏,可以避免将这些工序间的失误带到零件制造过程中,从而降低超标缺陷产生的风险。有效利用目视检测可以及时发现那些存在表面异常痕迹的缺陷,特别是飞机复合材料制件,其尺寸越来越大,进行快速的目视检测的检测意义非常明显。因此,目视检测可以广泛用于飞机复合材料和发动机复合材料及其制件、维修等全过程中的无损检测,包括:①复合材料制备过程中的无损检测;②复合材料铺叠过程中的无损检测;③复合材料制件铺叠成型前的无损检测;④复合材料制件的无损检测;⑤飞机复合材料制件外场使用环境下的无损检测;⑤飞机和发动机维修/维护过程的无损检测。

目视检测是一种非常经济和快速的飞机结构早期缺陷损伤和异常情况的诊断方法。美国联邦航空局(FAA)认为在飞机检测中发现的大部分缺陷通过目视检测都能发现,并且在很大程度上,飞机的结构(机体)制造商也是依赖于日常的目视检测来保证飞机的持续适航性的。因此,目视检测对飞机的持续适航和飞机安全非常重要。当不可目视检测时,才考虑选择其他无损检测方法;当目视检出的缺陷或损伤需要进一步核实和确认时,才考虑选择其他无损检测方法。随着复合材料在发动机领域的应用,在发动机维护过程中,发动机复合材料结构(如复合材料机匣、叶片)的目视检测是复合材料零件无损检测的一种十分重要和快速的无损检测方法。因为发动机通常在一定温度环境下工作,当出现异常情况时,往往会在复合材料制件表面留下清晰颜色变化痕迹,如表面烧伤等,因此采用目视检测方法非常有效。此外,目视检测对复合材料制件在连接装配、运输、服役等过程中造成各种表面可见的损伤检测非常有效。

任务 10　复合材料结构损伤的敲击检测

任务描述

敲击法最早是利用硬币、棒、小锤等物敲击蒙皮表面,仔细辨听声音差异来查找缺陷。在此基础上发展起来的智能敲击检测法是利用声振检测原理,通过数字敲击锤激励被检件产生机械振动,测量被检件振动的特征来判定胶接构件的缺陷及胶接强度等,此法可以用于蜂窝状结构检测、复合材料检测、胶接强度检测等。

知识链接

10.1 敲击法检测的原理

敲击法检测就是通过敲击锤对试件进行敲击试验,采集相关特征信号,从而为后续的分析、诊断做好准备。传统的敲击法是无损检测技术中最古老的检测方法之一,它通常用来检测多层结构、蜂窝结构及胶接接头的粘接质量。从原理上说,对结构表面进行局部的逐点敲击,通过局部刚度的变化判断缺陷的存在。当一个结构受到冲击时,它发出的声音主要是结构主模态的振动频率形成的。这些频率是结构本身所固有的。所以,如果对同一结构相邻的两点进行敲击,那么发出的声音应该是相似的。如果不同,一定是因为输入的冲击力不同,而冲击力不同则是由局部刚度变化造成的。这种方法要求有经验的操作人员用一个硬物(如硬币等)逐点敲击被测物表面,听其发出的声音,声音较沉闷的部位就说明有缺陷存在,如图4-6所示。当敲击锤与复合材料结构发生瞬时弹性相互作用时,产生敲击声音信号,此声音信号可由幅度或频率表征,通常其频率在15~20 000 Hz,位于人的听觉敏感范围内。当被敲击部分有缺陷,敲击锤敲击被检测部位所发出的声音"沉闷",且敲击锤会出现弹性滞留的现象。当敲击锤敲击的部位没有缺陷,会发出清脆的明亮的金属声音,且敲击锤不会出现弹性滞留现象,由此检测人员根据其声音、手感和样子,进行缺陷的判别。这种方法虽然简单易行,但是带有一定的主观性。

基于此原理的敲击检测主要是利用敲击锤,通过检测人员手工敲击被检测制件的表面,由其声音进行缺陷的判断,是一种快捷且廉价的检测方法,是对复合材料结构、胶结结构等进行巡检的一种快速粗检方法。随着电子、计算机技术的快速发展与应用,出现了敲击仪器化的新趋势,先后推出了基于敲击法的各种检测仪器,其主要改进是将传统的手工敲击锤仪器化,改为由敲击传感器或者探头按给定的节拍和力度进行敲击,通过仪器实时显示敲击产生的检测信号,从而大大地改进了手工敲击的随意性和经验性,同时对敲击产生的声频信号进行仪器化显示,提高了敲击法检测的准确性和可操作性。

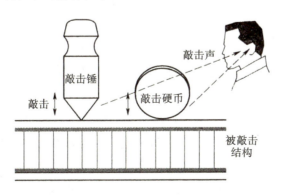

图4-6 敲击法检测原理

10.2 敲击法检测的方法

敲击检测方法可以分为手工敲击检测法(又可分为弹性锤敲击法和刚性锤敲击法)和仪器化敲击检测法(又可分为电磁锤敲击检测和机械锤敲击检测法),各有不同的特点、应用场合及适用的检测对象。

1. 手工敲击检测法

手中敲击检测法由检测人员手持弹性小锤的手柄,使小锤以一定的力和速度或按节拍敲击被检测部位的表面。就复合材料制件的无损检测而言,小锤的手柄通常具有一定的弹性,多由竹木制成,小锤通常由有机玻璃加工而成,如图 4-7 所示。而在交通和建筑等其他工业领域,常采用刚性敲击锤,如铁质榔头、刚性手柄,这主要是由这些工业领域中的被检测制件的特性和检测环境等所决定的,例如,车轮毂、钢管等都属"重型"结构。当采用弹性小锤敲击时,难以产生所需要的听觉信号,而飞机上许多薄板类结构,例如胶结结构,属典型的轻质结构,通过弹性小锤敲击,非常容易产生清脆、悦耳的敲击声,并能据此进行缺陷判别。手工敲击法检测的缺点之一就是检测结果在很大程度上取决于检测人员的听力和听力分辨能力,但随着敲击法检测仪器化后,这个不足得到了明显改善。

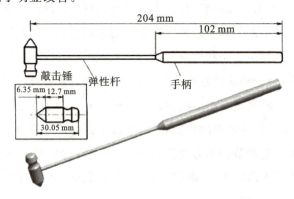

图 4-7 弹性敲击锤

2. 仪器化敲击检测法

通过自动敲击探头代替手工敲击锤,并将敲击时产生的声频信号通过传感器转换成电信号,经过信号处理后,由仪器显示屏进行缺陷报警指示。一种方法是利用机械方式通过手工移动敲击探头,使敲击头在被检测制件表面产生周期的敲击作用,同时完成对被检测制件的敲击扫查检测。另一种方法是利用电磁线圈充放电产生的电磁吸合力,使敲击锤在被检测制件表面产生周期性敲击作用,通过手工移动电磁敲击头,实现对被检测结构表面的敲击和检测。还有一种仪器化敲击检测法是利用力传感器测显敲击产生的信号,通过分析"力-时间"响应信号,进行缺陷的判别。

10.3 敲击检测法的特点

目前,敲击法是复合材料结构的一种快速检测方法,其主要特点是:①简易快速、最为廉价;②可检出非紧贴型的分层、胶黏等缺陷;③适合夹层结构中的孔隙脱黏的粗检;④手工敲击检测时需要有一定的经验;⑤不能提供确切的缺陷大小和深度;⑥检出缺陷时,通常需要借助其他无损检测方法进行检测和核实。

敲击法一般用于薄板类复合材料结构的快速粗检,对厚板结构不适用。此外用敲击法检测时检测件结构的变化常常会给出伪缺陷声音指示,容易造成误判。当然,敲击法同样也不能给出缺陷的确切大小、深度等量化的信息,它仅是一种最为廉价且快速的粗检方法。

任务实施

目前用于飞机复合材料结构敲击法检测的仪器或检测工具主要有两类:

(1)手工敲击锤。手工敲击锤主要用于手工敲击法检测,不需要专门的检测仪器,可分为两种:①用硬币作为敲击锤实现复合材料结构的敲击检测。这是目前所有无损检测方法中最为廉价的检测工具,非常方便适用。②弹性敲击锤,由手柄、弹性杆和小型敲击锤构成,其中弹性杆要有一定的弹性,小锤可用有机玻璃制成。

(2)自动敲击锤(即敲击探头)及其检测仪器。敲击探头有两种:①机械式敲击探头,如图4-8所示;②基于电磁线圈吸合原理的敲击探头。

传统手工敲击是靠检测人员的听力来判别缺陷,敲击仪器化后,可以通过仪器屏幕实时显示敲击检测结果,进行检出缺陷报警指示,使敲击检测的实用性得到明显的提高。图4-9所示为一种自动敲击锤,可以实现复合材料及胶结结构的仪器化敲击检测。

图4-8 机械式敲击探头

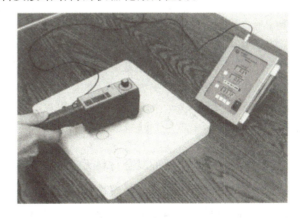

图4-9 自动敲击锤及其检测仪器

仪器的多功能化检测是近年来的一个新发展趋势,例如,乌托姆公司生产的DAMI-C胶结检测仪就具有这一集成功能,如图4-10所示,将敲击检测与阻抗分析、谐振、涡流等检测方法集成到一台仪器中,丰富了敲击检测仪的用途和功能,提升了这类检测仪器的综合检测能力。

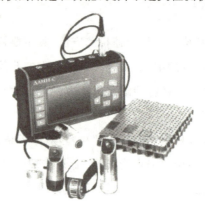

图 4-10　具有敲击法检测模式的多功能检测仪

敲击法检测是一种非常廉价快速的粗检方法,特别是手工敲击法检测,几乎没有检测仪器成本,但通常敲击法检出的缺陷部位都需要用声阻、超声等检测方法进行进一步的检测确认和核实,以得到缺陷的确切分布、大小及深度等信息,然后,根据复合材料结构或产品验收规范进行缺陷评定,给出接受或拒收的结论。使用敲击法检测不能确切地描绘检出缺陷大小或者不能确定缺陷时,同样需要借助阻抗、超声等检测方法和检测仪器进行确认和定量,以便对检出缺陷做出最后评定。

在飞机领域,目前敲击法主要用于薄板类飞机复合材料结构、蜂窝夹层结构、胶结结构的快速粗检,可以用于室内室外场合,特别是在一些检测条件不好的场合,可以用敲击法进行快速粗检,第一时间获得复合材料结构的大致质量信息,可检出大的气孔、分层、脱黏等缺陷,进一步检测还需要借助其他无损检测方法。总之,敲击法检测主要用于一些对结构受力和制件质量要求不是很高的应用场合的检测。

任务 11　复合材料结构损伤的超声波检测法

任务描述

超声波检测是应用最广泛的复合材料无损检测技术之一。超声波检测在检测复合材料时,复合材料的纤维和层状结构形成许多超声波反射界面,使超声波穿过试件形成许多回波,因此要将缺陷与噪声区别开来是困难的。在检测较小的缺陷时,要求采用较高的频率检测来达到较高的分辨率,而频率越高的超声波在复合材料中衰减越严重,因此用超声波检测复合材料时需要采用一些与金属材料不同的方法,对仪器设备也提出了不同的要求。在复合材料检测中比较常用的超声波检测技术主要包括超声波脉冲回波法和透射法扫描检测、超声波散射检测、声成像检测、空气耦合超声检测等。

11.1 超声波检测的原理

超声波检测是利用压电传输元件将超声脉冲传入被测构件中,当遇到损伤或缺陷时,会产生界面反射引起声速和能量衰减的变化,通过接收、分析这些信号及其变化,从而确定损伤或缺陷大小、位置的一种无损检测方法。

超声波在复合材料中传播或发生的时候,超声波与复合材料及其缺陷相互作用,超声波的振幅、相位频率谱、传播方向和传播速度等都可能发生改变,从而携带了复合材料内部结构的信息。这就是使用超声波检测复合材料所依赖的基本物理原理。应用适当的传感器和检测设备发射和接收超声波,并对接收到的信号进行分析、处理和成像显示就可以对复合材料进行宏观缺陷、组织结构和力学性能变化的检测和表征,从而可以对其特定应用性做出合理的评价。

以脉冲反射技术为例,由声源产生的脉冲波进入被检测工件后,若材料是均质的,则超声波沿一定的方向,以恒定的速度向前传播。当超声波遇到异质界面(如缺陷处)时,部分声能就会被反射,通过检测和分析反射声波的幅度、位置等信息,可以确定缺陷的存在,评估其大小和位置。图 4-11 所示为直声束脉冲反射法检测时检测仪波形显示,当工件中有缺陷存在时,在始波和底波之间就会有缺陷波出现,根据缺陷波的水平刻度和高度,就可以对缺陷进行位置的测定和大小的评定。

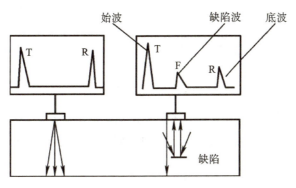

图 4-11 直声束脉冲反射法

11.2 超声检测方法

1. 按原理分类

1) 脉冲反射法

超声波探头发射一脉冲超声波进入被检测工件内,当超声波遇到异质界面(如缺陷处)时,产生反射、透射和折射,根据反射回波的情况来判断工件中缺陷的方法,称为脉冲反射法。脉冲反射法包括缺陷回波法、底波高度法和多次底波法。

根据仪器示波屏上显示的缺陷波形进行判断的方法,称为缺陷回波法,如图4-12所示。

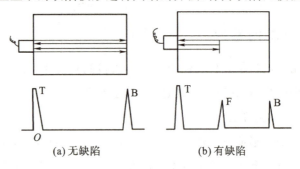

图 4-12 缺陷回波法

如果工件的材质均匀、厚度一致,工件底面回波在超声检测仪显示屏上的高度应是基本不变的。当工件中存在缺陷时,底波的高度会降低甚至消失,因此,可以根据底面回波的高度变化来判断工件中缺陷的情况,这就是底波高度法,如图4-13所示。

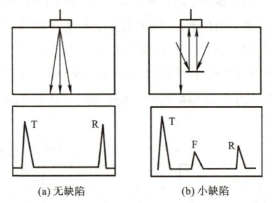

图 4-13 底波高度法

当透入试件的超声波能量较大,而试件厚度较小时,超声波可在探测面与底面之间往复传播多次,示波屏上出现多次底波 B_1,B_2,B_3,…。这种依据底面回波次数来判断试件有无缺陷的方法,称为多次底波法,如图4-14所示。

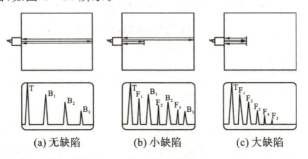

图 4-14 多次底波法

2)穿透法

穿透法是依据脉冲波或连续波穿透试件之后的能量变化来判断缺陷情况的一种方法。穿透法常采用两个探头,一个作发射用,一个作接收用,分别放置在试件的两侧进行探测,如图4-15所示。

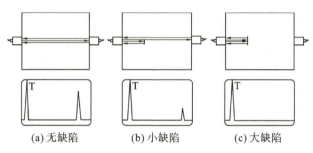

(a)无缺陷　　　　(b)小缺陷　　　　(c)大缺陷

图4-15　穿透法

2. 按耦合方式分类

1)直接接触法

在检测时,探头与工件之间仅涂有很薄的一层耦合剂,因此可以看作两者直接接触,这种探伤方法称为直接接触法。此方法操作方便,检测图形较简单,容易判断,检出缺陷灵敏度高,是实际检测中用得最多的方法。但是,直接接触法检测的试件,对探测面表面粗糙度要求较高。

2)液浸法

将探头和工件浸于液体中以液体作耦合剂进行检测的方法,称为液浸法。耦合剂可以是水,也可以是油。当以水为耦合剂时,称为水浸法。液浸法检测,探头不直接接触试件,所以此方法适用于表面粗糙的试件,探头也不易磨损,耦合稳定,探测结果重复性好,便于实现自动化检测。因此在批量检测或自动检测中常用液浸法检测。

液浸法按检测方式不同又分为全浸没式和局部浸没式。全浸没式是被检试件全部浸没于液体之中,适用于体积不大、形状复杂的试件检测。局部浸没式是把被检试件的一部分浸没在水中或被检试件与探头之间保持一定的水层而进行检测的方法,适用于大体积试件的检测。局部浸没法又分为喷液式、通水式和满溢式,如图4-16所示。

3. 按探头数目分类

1)单探头法

单探头法是使用一个探头兼作发射和接收超声波的检测方法。单探头法操作方便,可分为直射法和斜射法,都要求缺陷主反射面与声束轴线垂直。该方法对于与波束轴线垂直的面状缺陷和立体型缺陷的检出效果最好。

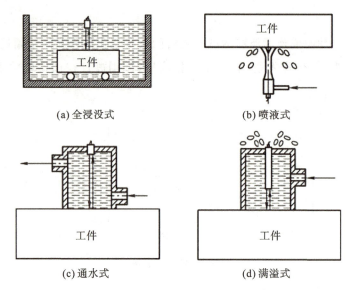

图 4-16 液浸法

2) 双探头法

使用两个探头(一个发射,一个接收)进行检测的方法称为双探头法。主要用于发现单探头法难以检出的缺陷。双探头法又可根据两个探头排列方式和工作方式进一步分为并列式、交叉式、V 形串列式、K 形串列式等。

3) 多探头法

使用两个以上的探头成对地组合在一起进行探伤的方法,称为多探头法。

4. 按波型分类

1) 纵波法

利用纵波完成对工件检测的方法,称为纵波法。纵波法可以分为垂直入射纵波法和小角度入射纵波法;纵波法还可分为单晶探头反射法、双晶探头反射法和穿透法。

2) 横波法

将纵波倾斜入射至工件检测面,利用波型转换得到的横波进行检测的方法,称为横波法。

3) 表面波法

使用表面波进行工件检测的方法,称为表面波法。表面波通常利用的是瑞利波,因此,又称为瑞利波法。表面波只能用来检测表面和近表面缺陷,可以沿圆滑曲面传播而没有反射,对表面裂纹具有很高的灵敏度。

4) 板波法

使用板波进行工件检测的方法,称为板波法。板波是由倾斜入射到薄板中的声波产生的沿薄板延伸方向传播的一种波。板波法主要用于薄板、薄壁管等形状简单的工件检测。板波充塞于整个工件,可以发现内部的和表面的缺陷。检测灵敏度取决于仪器工作条件和波的形式。

11.3 超声检测装置

1. 超声波检测仪

超声波检测仪是专门用于超声检测的一种电子仪器,它的作用是产生电脉冲并施加于探头使其发射超声波,接收电信号,并将其放大处理显示在荧光屏上。

脉冲反射式检测仪的信号显示方式可分为 A 型显示、B 型显示、C 型显示三种类型,又称为 A 扫描、B 扫描、C 扫描。

A 型显示中可以得到的信息有:(1)反射面距声入射面的距离(纵波垂直入射检验时缺陷的深度)。(2)回波幅度的大小(用来判断缺陷的当量尺寸),如图 4-17 所示。

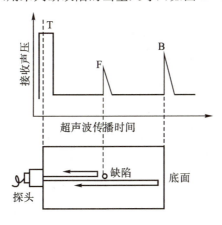

图 4-17 A 型显示原理图

2. 超声波探头

超声波检测是用超声波探头实现电声转换的,因此超声波探头又称为超声波换能器,其电声转换是可逆的,应用最普遍的是压电材料制成的超声波探头。

超声波检测探头的种类很多,根据波形不同分为纵波探头(直探头)、横波探头(斜探头)、表面波探头、板波探头等。根据耦合方式分为直接接触式探头和液浸探头。根据声速分为聚焦探头和非聚焦探头。根据晶片数不同分为单晶探头、双晶探头等。

3. 复合材料超声检测对比试块

在采用脉冲反射法进行试件的超声检测时,反射体在试件内的埋藏深度是通过测量回波在时间基线上的位置来确定的。对于缺陷大小的评定,当其尺寸小于声束截面积时则常以回波的幅度测量为依据,这些在实际工作中常用已知量比较的方法来进行,即与对比试块作比较测量。试块有各种已知的特征如尺寸、声性能等,并常有某些已知的孔、槽。此外,由于超声检测仪的按键对应范围不足以定量地记录检测所用的条件,这就给定量测量及检测结果的再现带来困难,这个问题也可以通过采用试块来解决。所以试块在超声检测中占有重要地位。

在复合材料检测中使用最多的是对比试块。对比试块是指检测特定试件用的试块,可用来调整仪器的灵敏度、测量范围、比较缺陷大小。对比试块是用与试件声性能相同或相近的材料制成的。

复合材料检测中使用的对比试块主要用来验证检测系统的可靠性与可重复性、调节检测灵敏度、验证上下表面检测分辨率和评估缺陷。对比试块的材料、铺层方向、固化工艺、厚度、表面状态和形状等应与被检件相同。复合材料检测使用的对比试块应定期进行校验,以验证缺陷的埋深和大小未发生明显变化。采用自动成像技术有助于检测结果的稳定和保存。

4)控制和传动装置

对于大型复合材料的精确B型扫描和C型扫描,控制和传动装置几乎是必不可少的部分。探头在工件上纵横交替扫查,整个自动扫描过程由软件控制,由扫描控制和传动装置完成。

11.4 超声波检测的特点及应用

超声波检测法的优点:超声波的指向性好、穿透性强,对平面型缺陷十分敏感,只要声束方向与裂纹方向之间夹角达到一定的要求,即可显出损伤波,探测出缺陷所在位置,所以超声波检测法对于检测表面或内部缺陷都是一种灵敏度很高的方法。检测使用的超声波对人体和环境无害,设备轻便,便于携带,可进行现场检测,易于实现自动化检测。

超声波检测法可用于金属、非金属、复合材料制件的损伤探测,既可以检测工件内部的缺陷,也可以检测工件表面的缺陷。该方法可用来检测复合材料的分层、脱胶等缺陷,还可以测定工件的厚度。该检测方法的局限性包括以下几方面:不适用于形状复杂或表面粗糙工件的损伤探测;若对工件中的缺陷做精确的定性、定量分析,需要有标准;通常需要用耦合剂充填满探头和被测构件表面之间的空隙,并不适合对大型航空复合材料构件进行外场原位检测。

任务实施

1. 超声波脉冲回波法和透射法

所谓超声波脉冲回波法就是应用超声波脉冲作为探测信号,通过超声波探头发射和接收超声波回波,对接收到的超声波回波信号进行分析,并结合一些先验知识,最终实现对复合材料中的宏观缺陷的检测,以及材料部件的几何特征、组织结构和力学性能变化的检测和表征,并进而对复合材料部件特定应用性进行评价的技术。

如果将一对超声波探头安放在样品的两侧,则接收到的超声波脉冲是由透射产生的。这通常称为超声波脉冲透射法。而脉冲透射法与脉冲回波法的主要不同,就是它接收的是透射超声波而不是超声回波。

图4-18所示为超声波脉冲回波法(接触式脉冲回波法)的示意图。超声波探头作收发两

用布置,采用又发又收的方式。在超声波探头与被检测工件之间,通常需要添加超声波耦合剂,以保证有效地传递超声波。超声波探头向复合材料发射超声波脉冲。超声波脉冲在缺陷上或在被检测工件的边界上产生的反射回波被同一个超声波探头接收。在实际的应用中,常常采用一次脉冲回波检测法。脉冲回波法也常常使用水浸方式来耦合超声波。这时,被检测工件浸泡淹没在水槽中。

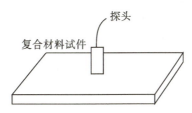

图 4-18　接触式脉冲超声回波法的示意图

图 4-19 所示为超声波脉冲穿透法(喷水式脉冲透射法)的示意图。超声波探头作一发一收布置,也称为单发单收方式。两个超声波探头布置在被检测工件的两侧。超声波探头与被检测工件没有接触,通过在超声波探头与被检测工件之间的喷水水柱传递超声波。发射探头发出的超声波由水柱耦合进入复合材料,穿透复合材料后由水柱耦合被对面的接收探头接收。

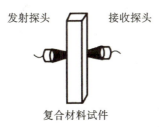

图 4-19　喷水式脉冲超声透射法的示意图

超声波脉冲回波检测和透射法检测都是局部性的。它的检测范围就是超声波探头所发射的超声波波束照射的区域。为了检测其他区域,就必须实施扫描检测。所以,脉冲回波法和透射法检测,常常是用超声波扫描检测的方式实现的。

2. 超声背散射检测

超声背散射检测技术是检测复合材料纤维取向的专用技术。超声背散射技术是超声脉冲回波检测技术的一个变种。图 4-20 所示为一个典型的超声背散射检测方法示意图。超声背散射最常见的配置是一个倾斜入射的超声换能器。它发射的超声波波束与入射表面的法线成一个锐角 α,超声换能器方向由垂直偏角 α 和水平偏角 β 来表征。垂直偏角 α 相当于纬度,水平偏角 β 相当于经度。超声换能器发射超声波后,等待接收沿入射路径返回的被检组件反射的散射声波。超声换能器接收到的散射声波称为背散射信号。

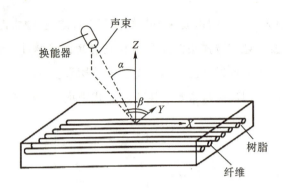

图 4-20 超声背散射检测方法示意图

令被检组件或超声换能器围绕垂直于被检组件表面的一个轴旋转，旋转时保持垂直偏角 α 不变。随着旋转运动由超声换能器监测背散射信号的振幅及相位，并将它们作为超声换能器方向(β,α)的函数记录下来。当超声换能器方向垂直于被检组件中任何一个铺层纤维的方向时，观察到的背散射信号的幅度达到一个极大值。这样，从背散射信号与超声换能器方向的函数关系就可以确定复合材料各铺层纤维的取向。实际应用超声背散射方法检测时，垂直偏角 α 也可以改变。另外，除了使用又发又收的单个超声换能器配置外，也可以使用位于试样两侧的一发一收的双超声换能器配置。

超声背散射方法不需要特殊的仪器器材，但是需要能够灵活变动超声换能器声束方向的角度扫描装置。在检测中，必须精确地保持角度值。因此，需要保持正确的取向和对准测试点的复杂的设置。角度的选取对最终的结果影响很大，检测结果的准确性很大程度上取决于检测人员的经验。

超声背散射可用于检查堆叠顺序，它主要用来确定纤维的方向。例如，这种技术容易解析出几层石墨环氧复合材料的纤维取向。该技术也可以用来检测微气孔群。当存在微气孔群时，背散射信号基本不随旋转角度而变，而且比较强。然而，表面粗糙会产生类似的效果。因此，在检测之前可能需要对材料表面做平滑处理。超声背散射方法也可以用来检测局部纤维波纹状起皱缺陷、层端的不连续性和跨层裂缝，同时可以用于检测基体的热应力裂纹。

3. 声成像检测

1) 超声透视成像技术

超声透视成像技术是为复合材料检测提出的超声成像检测专门技术。超声透视成像技术与 X 射线透视成像技术十分相似。该项技术主要有三个特点：一是使用声透镜；二是可以利用反射检测模式；三是实现了小型化。因此，这样的声成像设备有时也被称为超声照相机。

2) 超声相控阵检测技术

超声相控阵检测技术采用阵列探头检测时，各个阵元通常具有独立的发射和接收电路，通过控制各通道的发射和接收延迟，就可以实现对检测声束的控制，这就是相控阵超声检测的原理。具体来说,可以分成相控阵发射和相控阵接收。相控阵的发射相控用电子技术调整阵元的发射相位和超声强度,以实现焦点位置和聚焦方向的动态自由度调节。相控阵发射时,调整各个阵元发射信号的波形、幅度和相位延迟,使各阵元发射的超声子波束在空间叠加合成,以形成发射声束聚焦和声束偏转等效果。

相控阵超声检测是利用换能器阵列扫查声成像技术,它以电子扫描取代传统的机械扫描,通过控制阵元晶片的发收时间实现声波的合成、偏转和聚焦,现在已经实现对复合材料特殊部位进行检测,并可现场应用,但在相控阵超声检测技术中定量检测和缺陷表征准确度仍是需要深入研究的关键问题。

4. 超声波波速测量

超声波波速测量被用来测量超声波通过材料的速度。测量超声波波速不需要特别的仪器,只要测量出超声波在通过材料中两个指定位置时所耗费的时间和这两个位置之间的距离即可。测量时需要考虑的是,使用不同的超声波模式和不同的传播方向来测量超声波的速度。一个互补的技术是测量波速的速度比,即测量通过材料的压缩波速度和剪切波速度的速度比。

复合材料的弹性常数对于评价其力学性能具有十分重要的意义。可以利用测量超声波的速度来确定单向纤维增强复合材料板的弹性常数,并进而评估材料的缺陷。在利用超声测速方法求取材料的弹性常数方面,常用群速度测定方法来确定材料的弹性常数,有时也可以利用瑞利波速度测量的方法确定材料的弹性常数。树脂基体在不同的固化状态有着明显不同的超声波波速。因此,测量超声波在材料中的声速可以检测一些树脂基复合材料的固化率并监测它们的固化过程。

测量超声波波速的方法简单、准确,除了非常薄的样品之外,几乎在所有的情况下都可以精确测量超声波的速度。同时,该法也存在一些不足,例如激励特定模式的超声波的方法比较复杂、波速很难控制等。

5. 空气耦合超声检测

空气耦合超声是将空气作为探头与试件的耦合介质,利用空气耦合超声换能器激发和接收超声波来检测材料和构件中的缺陷。它通过特殊设计的超声换能器在材料中激发和接收超声波,检测过程中不使用液体超声耦合剂。该方法适合大型结构的快速检测,可以测量复合材料的纤维取向、确定复合材料及天然材料的各向异性、分析材料弹性模量、分析材料表面变形和测量材料涂层厚度等。

与常规的超声检测技术相比,空气耦合超声检测技术在检测复合材料、高衰减材料方面具有很大的优势:①非接触式检测,可进行原位快速扫描,且不存在耦合剂污染试件的问题;②可以在高温/低温环境下实现对工件的测量。空气耦合超声检测技术也存在一些不足:①由于衰减过大,只适合检测低密度的复合材料,且灵敏度较低;②成像对比度等方面相较常规超声检测还存在不足,检测效果有待改善。

任务 12　复合材料结构损伤的 X 射线检测法

任务描述

X 射线检测是一种非常重要的复合材料无损检测方法,它是基于 X 射线透过被检测复合材料或者复合材料零件、样品的强度变化,利用 X 射线探测器(如胶片、IP 板、平板探测器)等接收这种透过射线的强度及其变化,通过合理显示方式(如底片、数字图像)再现检测结果,进行检出缺陷的评定。X 射线检测特别适合用于体积型缺陷(即具有一定空间分布的缺陷,特别是具有一定厚度的缺陷)的检测,如复合材料层合板结构中的孔隙、夹杂等缺陷和夹芯结构中的芯子变形、开裂、发泡胶发泡不足,以及镶嵌物位置异常等缺陷的检测。X 射线检测对垂直于材料表面的裂纹也具有较高的检测灵敏度和可靠性,但对复合材料结构中的分层缺陷不敏感。

知识链接

12.1　射线检测的物理基础

通常射线分为两类,一类是电磁辐射;另一类为粒子辐射。X 射线属于电磁辐射,它是高速运动的电子在急剧减速时,由于轫致辐射(轫致辐射是电子接近原子核时将产生急剧减速,在这个过程中产生的电磁辐射),在这个过程中,高速电子转化为电磁辐射,产生 X 射线。X 射线是在航空航天复合材料无损检测领域应用最广泛的一种射线。

1. X 射线的物理化学特性

(1)穿透性:X 射线具有较强的穿透性,随着射线能量的提高,穿透能力更强,射线波长愈短。穿透物质的能力愈强,物质的密度愈小,射线愈容易透过。

(2)传播特性:X 射线沿直线传播,X 射线在介质界面也会发生反射、折射、干涉、衍射、散射等现象。由于介质的界面相对 X 射线的波长而言,显得非常粗糙,不能产生类似可见光的镜面反射,当 X 射线从一种介质进入另一种介质时,其折射率接近 1。因此,在利用 X 射线进行无损检测时,一般不考虑 X 射线的反射。

(3)电离效应:X 射线的光子具有一定的能量,吸收了光子能量的电子可以克服原子核对电子的束缚,离开原子,产生离子对。

(4)化学效应:X 射线可以使得胶片感光乳剂发生化学反应,这种化学特性被称为 X 射线的化学效应,这也是胶片照相法检测的基础。

(5)荧光效应:磷光盐类物质在受到 X 射线照射时,轨道电子受到激发,跃迁到高能级轨道,然后又跃迁回原来的能级轨道,并以更长波长的可见光的形式表现出来,这种现象被称为荧光效应。X射线能使荧光物质发光,感光材料产生光化反应。

(6)生物效应:X射线辐射作用于生物体时,电离作用将造成生物体的细胞、组织、器官等损伤,引起病理反应,这种现象被称为辐射生物效应,因此,在进行X射线检测时需要有严格的辐射防护,防止现场检测人员和工作环境内其他人员受到辐射伤害。

2. X射线与物质的相互作用

当X射线射入物体后,将与物质发生复杂的相互作用,这些作用从本质上说是光子与原子的相互作用,包括光子、原子的电子及自由电子、原子核的相互作用,这些相互作用会产生:光电效应、康普顿效应、电子对效应和瑞利散射。X射线射向物体时,一部分射线被物体吸收,一部分射线向物体周围散射,从而使得穿透物体的射线强度减弱。当被照射物体内部的均匀性、组织结构或连续性出现变化时,穿透物体的射线强度减弱程度会出现变化。当被照射的材料或零件内部结构、连续性发生变化,如存在缺陷、出现密度变换等,会引起透过射线的强度发生额外的变化,通过对穿过被照射材料或零件后的射线强度的检测,即可实现对材料或零件内部缺陷的无损检测。

12.2 X射线检测基本原理

以复合材料透射X射线检测为例,如图4-21所示,其检测的基本原理是:X射线管在高压发生器的作用下,产生X射线,以此射线作为入射射线,并使入射射线照射到被检测零件透照部位,选择合理的照射参数(如管电压、管电流、焦点等),使入射射线有效地透过被检测零件照射部分。然后通过X射线接收器,如感光胶片或探测器等,接收透过零件被照射部位后的射线能量,经过合理的射线图像处理方式(如胶片显像或探测器显像),对X射线接收器记录的透射射线能量的强弱变化的信息进行图像变换和显示。然后对获得的射线图像进行评定和缺陷判别。移动射线源和射线接收器的位置,重复上述步骤,进而实现对整个被检测复合材料结构的X射线无损检测。

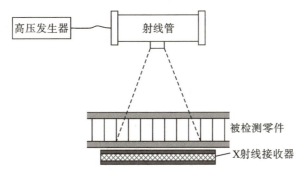

图4-21 X射线透射法检测基本原理

12.3　X射线检测方法

目前X射线检测方法和基于X射线原理的各种检测技术已成为复合材料及其结构无损检测与缺陷表征、微结构分析等重要技术手段。常见的复合材料X射线检测方法有以下几种。

(1)FR法(胶片照相射线检测法),该方法利用专门的感光胶片记录射线的感光强度,然后通过对胶片进行化学处理(即显影和定影),形成黑度底片,借助专门的观光灯,通过对底片黑度的观察分析,确定被照射部位是否存在缺陷。该方法不适合大面积的复合材料结构的X射线检测。

(2)CR法(图像板照相法射线检测法),CR法用一种专门的感光图像板代替感光胶片,然后利用一种专门的激光扫描器读取感光图像板记录的射线感光强度,并转换为数字图像(通常是灰度图像),通过对数字图像的灰度分析,进行检测结果的评定。

(3)DR法(数字射线检测法),DR法采用数字图像平板接收器直接将透过被照射部位的X射线强度转换为图像数据,通过接收器与计算机的数据接口将数据送入计算机进行实时成像显示和检测结果的评定,检测的实时性和效率得到明显提高。在DR自动扫描检测中,由扫描机构自动同步移动射线源和平板探测器,对整个复合材料结构进行自动扫描覆盖检测,检测效率最高,是目前和今后复合材料结构射线检测的主流方法和发展方向。

(4)CT法(计算机层析法),CT法通过对被检测物体的某个照射横截面的旋转扫描,获取该横截面的二维数字射线图像,同图像重构还可以得到被照射物体或零件部位的三维数字射线图像。由于这种检测方法射线源与接收器需要围绕被检测零件中的照射截面部位做系列的相对旋转扫描和图像数据重构,因此,单次照射的面积很小,检测效率会很低,成本很高,同时受射线源与接收器之间的距离,即CT转台口径所限,一般大型复合材料结构不适合采用CT法检测,该法可用于一些关键零件或者重要部位的检测、结构求逆等。

(5)微计算机层析法,又称为微CT法,是近年推出的微型焦点的X射线CT检测方法,其工作原理和图像重构方法等与CT完全一样,最大的区别在于所用的射线源的尺寸,它采用微米级焦点(如10 μm)射线源,获取更高的射线检测分辨率。目前较为高端的μ-CT,其分辨率可以达到纳米级,它主要用于非常小的样品的组织结构或者微缺陷的二维、三维表征。

(6)其他射线检测方法:如X射线背散射检测方法、中子射线检测方法等。

12.4　射线检测的适用范围

X射线检测方法的选用通常需要根据被检测复合材料结构的几何特征及其工艺特点、检测环境条件、缺陷可检性、检测效率、检测成本等综合考虑和选用。就航空复合材料结构而言,X射线检测方法选用的基本原则是:一般飞机壁板类的层压结构和泡沫夹层结构不适合选X射线检测方法;能用超声等方法解决的尽量不选用X射线检测方法。X射线检测方法主要应用于各种复合材料蜂窝夹芯结构的无损检测、特殊复合材料结构部位或者特别复杂的复合材料零件的无损检测,如冲击损伤、异物等的检测和定性定量分析,复合材料内部微结构的二维和三维显微分析、复合材料制备过程中的质量在线检测与监测等。

  X射线检测只适用于检测与射线束方向平行的厚度或密度上的明显异常的部分,因此,检测平面型缺陷(如裂纹)的能力取决于被检测件是否处于最佳辐射方向。而在所有方向上都可以测量体积型的缺陷(如气孔、夹杂),只要它的相对于截面厚度的尺寸不是太小,均可以检测出来。目前X射线检测方法在复合材料的研发阶段、制造阶段、使用阶段都有不同程度的检测应用。例如,欧洲空中客车公司制定的X射线检测规程《51-10-10夹层结构进水X射线检测》用于指导采用蜂窝夹层结构的方向舵和升降舵等结构的X射线检测,中航复材制定的《Q/ZHFC 8153 复合材料夹芯结构无损检测方法》已成为航空复合材料蜂窝夹芯结构X射线检测的重要检测标准和指导文件。

任务实施

  X射线检验可检测复合材料中的夹杂物,可以有效地发现夹层板中蜂窝芯和胶黏剂充填物中的损伤和缺陷。如果胶黏剂是对X射线吸收系数较大的材料,还可用于检验胶接层的疏松和气孔含量。X射线照相还能发现复合材料中的横向裂纹。目前可用于复合材料X射线成像检测的技术主要包括CR成像检测技术、DR成像检测技术、CT成像检测技术。

1. CR成像检测技术

  CR成像检测技术是基于CR检测方法的一种新的非胶片射线照相检测技术,属于一种间接射线数字化成像检测技术。用于CR成像检测的X射线设备主要是由X射线机、存储荧光成像板(IP板)、相应的读取装置(扫描器或读取器)和图像处理与显示单元(含图像读取处理软件)等组成。

  如图4-22所示,CR成像检测的基本工作流程:首先被检测复合材料零件经X射线透照后,将信息记录在IP成像板上,然后经激光扫描装置读取IP成像板上的射线图像信息,再由计算机生成射线数字化图像,最后由检测人员通过计算机显示的射线图像进行检测结果的评定和缺陷判别,因此CR成像检测主要分为以下4个基本步骤:

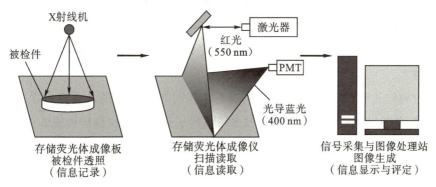

图4-22 CR成像检测基本工作流程

(1)透照。按照给定的射线检测工艺,对被检测复合材料零件部位进行 X 射线透照,并用 IP 板接收透过被检测零件部位的 X 射线强度信息。透照时,IP 板的荧光材料在曝光的过程中形成潜影,射线潜影存储在对射线敏感的光激发荧光体层。

(2)图像读出。利用专门的激光扫描仪(即 CR 扫描器)读取 IP 板的 X 射线图像信息,CR 扫描器使用红色激光进行潜影扫描激励时,被激发发光,所发的光由光电系统采集并量化形成数字信号。

(3)图像处理。通过计算机利用专门的 X 射线成像分析软件对来自激光扫描仪的数字化图像信息进行处理和成像显示,通过计算机中专用的软件形成可识别与处理的数字图像。

(4)结果评定。由检测人员根据计算机屏幕显示的射线图像,按照相应的检测标准和产品验收标准进行检测结果的评定。

图 4-23 所示为采用 CR 成像检测技术检测的蜂窝夹层结构平板件的典型检测结果,采用的检测参数:管电压 35 kV,管电流 19 mA。图 4-23(a)为蜂窝夹层结构平板件的整幅 CR 成像检测图像,图 4-23(b)则是采用图像处理软件对其中局部进行放大获得的图像。从图中检测结果可以看出 CR 成像检测方法能够有效检出蜂窝夹层结构的孔格特征。

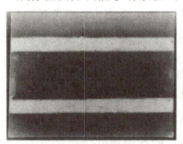 

(a) 整幅CR图像　　　　　　(b) 局部放大CR图像

图 4-23　碳纤维蜂窝夹层结构板 CR 方法检测结果

2. DR 成像检测技术

DR 成像检测技术分为基于 DR 的 X 射线数字实时成像检测技术(简称 DR 实时成像检测技术)和基于 DR 的 X 射线自动扫描成像检测技术(简称 DR 自动扫描成像检测技术)。

1) DR 实时成像检测技术

DR 实时成像检测技术包括用于外场的便携式 DR 实时成像检测技术和用于室内的 DR 实时成像检测技术。

在复合材料结构服役期间,有时需要对其在服役过程中产生的一些损伤在原位进行 X 射线诊断和检测,便携式 DR 实时成像检测技术可以用于外场复合材料结构或者大型零件现场特殊部位的检测,如图 4-24 所示,将便携式 X 射线机的射线管对准被检测的复合材料结构部位的一侧,将平板探测器放置在被照射部位的另一侧,透照过程中,X 射线影像直接通过有线或无线传递到远处的便携式影像显示器上进行图像显示,检测人员根据实时显示的 X 射线检测图像进行检测结果的评定和缺陷判别,非常快捷和方便。

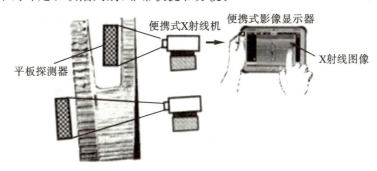

图 4-24　便携式 DR 实时成像检测

DR 实时成像检测技术也可以用于复合材料结构制造过程中的 X 射线检测,包括固定的铅房检测和大型复合材料零件特殊部位的现场检测,其检测工艺和检测过程与图 4-25 类似,只是在室内铅房进行复合材料结构 DR 实时成像检测时,X 射线机一般选择固定式的,通常配备一些机械支撑机构,以便固定射线管和被检测零件及平板探测器,计算机成像系统与平板探测器之间多采用有线连接。

在复合材料蜂窝夹芯结构无损检测中,X 射线实时成像是一种非常重要和有效的检测方法。图 4-25(a)所示为一典型复合材料蜂窝夹芯的 X 射线实时成像检测结果,采用的是微焦点 X 射线源,从图中的 X 射线影像的灰度分布,可以非常清晰地看出复合材料结构中的蜂窝芯的几何特征及其分布,而且通过图像处理和放大,可以很容易地得到蜂窝芯内的充填情况[图 4-25(b)中黑色箭头所指示的黑色图像区]和蜂窝壁的结合细节信息[图 4-25(c)中黑色箭头所指示的深灰色图像区]。

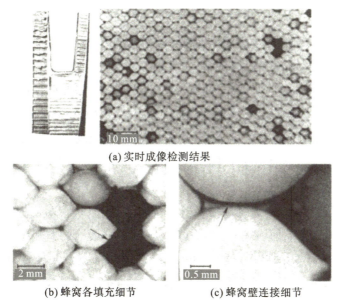

图 4-25　复合材料蜂窝结构 X 射线实时成像检测结果

2) DR 自动扫描成像检测技术

对于大型复合材料结构的 X 射线成像检测,仅利用 DR 的实时成像检测是远远不够的。为了实现大型复合材料结构的 X 射线实时成像检测,一种基于 DR 的复合材料结构自动扫描成像检测技术取得了非常好的实际检测效果。

在 DR 自动扫描检测中,为了进一步提高 X 射线检测图像质量,得到扫描过程中形成的被检测复合材料结构的高质量整幅图像,需要对扫描过程中的各个扫描位置的 X 射线图像进行自动拼接处理,并对检测结果进行评定,如缺陷尺寸测量、正负片显示、放大缩小、尺寸测量、灰度调节、感兴趣区域设置等。

图 4-26 所示为碳纤维复合材料蜂窝壁断裂缺陷的实际检出结果,采用 FDR-160 复合材料 DR 自动扫描成像检测系统,Nomex 蜂窝芯的芯高约 23 mm。透照参数:管电压 50 kV、管电流 5 mA、焦点直径 0.4 mm。从图中可以非常清晰地看出蜂窝壁断裂的影像分布特征。

图 4-26 复合材料蜂窝壁断裂的 DR 检测结果

3. CT 检测技术

X 射线 CT 检测技术,即 X 射线计算机断层成像检测方法,它是基于对被检测零件进行旋转扫描透照过程中得到的多个投影数据,通过计算机重建图像的一种射线成像检测方法,通常仅仅采集通过特定剖面(被检测对象的薄层,或称为切片)的投影数据,用来重建该剖面的图像,若要得到被检测零件多个剖面的射线图像,则需要进行多个 CT 选择旋转扫描透照和图像重构。X 射线 CT 系统通常由射线管、旋转台、平板探测器、成像软件等组成。按照 CT 的检测对象和分辨率的不同,可以分为工业 CT 和微 CT,即 CT 和 μ-CT,目前在复合材料 X 射线检测中都有所应用。

CT 目前主要用于复合材料关键结构,且利用超声等方法又难以满足检测要求的零部件的检测,例如,直升机的桨叶 X 射线 CT 检测。CT 也可以用于复合材料缺陷的表征分析,图 4-27 是一典型的复合材料 CT 检测结果,从图中可以清晰地看出被检测复合材料结构中的孔隙和纤维褶皱情况,分别如图中白色箭头和黑色箭头所示的灰度分布区所示。

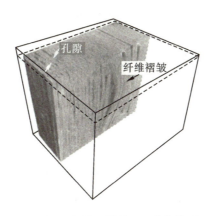

图 4-27 纤维褶皱的 CT 成像检测

微 CT 也称 X 射线三维显微镜,利用不同角度的 X 射线透视投影成像,结合计算机三维数字重构技术,可以提供复杂结构的三维内部高分辨率成像,对样品内部的微观结构进行亚微米尺度,甚至是纳米尺度的三维表征和数字化的重构分析,主要用于复合材料样品微结构分析表征和微缺陷表征。用于微 CT 检测的复合材料样品通常都很小(毫米级),检测时,样品放置在微 CT 内部微型转台上,X 射线源和样品及转台一般封装在 X 射线防护罩内部,通过外部的计算机进行操作和检测结果的显示。

图 4-28 所示为一玄武岩纤维增强聚合物基复合材料微结构的微 CT 检测结果。从图中可以非常清晰地看出纤维束及其几何特征。孔隙是复合材料层压结构中体积分布的微细缺陷,通过采用微 CT 成像方法,可以揭示复合材料内部孔隙的三维分布特征,对构建复合材料孔隙率的评估非常有益。

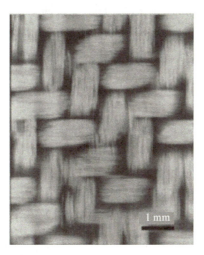

图 4-28 织物复合材料微结构的微 CT 检测

任务 13　复合材料结构损伤的涡流检测法

任务描述

涡流检测属于电磁检测方法,它是利用电磁感应原理进行材料或结构表面和近表面缺陷检测与表征的一种方法,只适用于导电材料的无损检测,因为只有导电材料才能在其表面和内部产生电磁场感应现象。采用涡流检测法只能检测纤维能导电的树脂基复合材料,例如,碳纤维/环氧树脂复合材料的纤维断裂损伤检测。涡流检测利用复合材料中纤维的导电性,通过涡流成像方法实现碳纤维复合材料的扫描成像,进行复合材料缺陷评估。由于涡流在复合材料中的穿透深度受到限制。因此,采用这种检测方法只能检测复合材料表面的损伤和近表面的内部损伤。

知识链接

13.1　涡流检测的原理

涡流检测是建立在电磁感应原理基础之上的一种无损检测方法,它适用于导电材料。当检测线圈中通有交变电流时,在线圈周围产生交变磁场;当此交变磁场相对导体做运动时,导体中会感生出涡状流动的电流,即涡流。电磁感应现象和涡流的产生如图4-29所示。图4-29(a)中,使线圈1和线圈2靠近,在线圈1中通交流电,在线圈2中就会感应产生交流电。如果使用金属板代替线圈2,同样也可以使金属板导体产生交流电,如图4-29(b)所示。这种由交流磁场感生出来的电流就称为涡流。当把一块导体置于交变磁场之中,在导体中就有感应电流存在,即产生涡流。由于导体自身各种因素(如电导率、磁导率、形状、尺寸和缺陷等)的变化,会导致涡流的变化,利用这种现象判定导体性质、状态。利用电磁感应原理,通过测定被检工件内感生涡流的变化来无损评定导电材料及其工件的某些性能或发现缺陷的无损检测方法称为涡流检测。

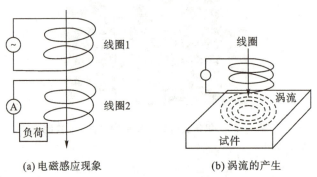

(a) 电磁感应现象　　　(b) 涡流的产生

图 4-29　涡流检测原理

13.2 检测线圈和对比试样

涡流检测是把导体接近通有交流电的线圈,由线圈建立交变磁场,该交变磁场通过导体,并与之发生电磁感应作用,在导体内建立涡流。导体中的涡流也会产生自己的磁场,涡流磁场的作用改变了原磁场的强度,进而导致线圈电压和阻抗的改变。当导体表面或近表面出现缺陷时,将影响到涡流的强度和分布,涡流的变化又引起了检测线圈电压和阻抗的变化,根据这一变化,就可以间接地知道导体内的缺陷是否存在。

因为试件形状的不同,检测部位的不同,所以检验线圈的形状与接近试件的方式也不尽相同。为了适应各种检测需要,人们设计了各种各样的检测线圈和涡流检测仪器。

1. 检测线圈及其分类

涡流检测仪器的种类很多,按检测目的不同,可分为导电仪、测厚仪和探伤仪,它们的电路各不相同,但其基本组成大致相同,如图4-30所示。涡流检测的电子电路主要分为基本电路和信号处理电路两大部分。基本电路包括振荡器、信号检出电路、放大器、显示器和电源,这些几乎是所有涡流检测仪都具有的;信号处理电路是鉴别影响因素和抑制干扰的电路,随检测目的不同而不同。

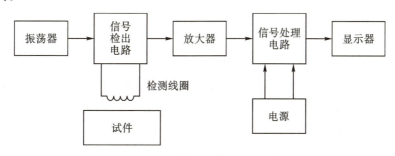

图4-30 涡流检测仪基本组成示意图

在涡流探伤中,是靠检测线圈来建立交变磁场,把能量传递给被检导体,同时又通过涡流所建立的交变磁场来获得被检测导体中的质量信息。所以说,检测线圈是一种换能器。检测线圈的形状、尺寸和技术参数对于最终检测是至关重要的。在涡流探伤中,往往是根据被检测物体的形状、尺寸、材质和质量要求(检测标准)等来选定检测线圈的种类。常用的检测线圈有三类。

1) 穿过式线圈

穿过式线圈是将被检测试样放在线圈内进行检测的线圈,适用于管、棒、线材的探伤。由于线圈产生的磁场首先作用在试样外壁,因此检出外壁缺陷的效果较好。一般来说,内壁缺陷检测灵敏度比外壁低。厚壁管材的缺陷不能使用外穿式线圈来检测。

2) 内插式线圈

内插式线圈是放在管子内部进行检测的线圈,专用来检查厚壁或钻孔内壁的缺陷,也用来检查成套设备中管子的质量，如热交换器管的在役检验。

3）探头式线圈

探头式线圈是放置在试样表面上进行检测的线圈，它不仅适用于形状简单的板材、板坯、方坯、圆坯、棒材及大直径管材的表面扫描探伤，也适用于形状较复杂的机械零件的检查。与穿过式线圈相比，由于探头式线圈的体积小、场作用范围小，所以适于检出尺寸较小的表面缺陷。

2. 对比试样

对比试样主要用于检测和鉴定涡流检测仪的性能，例如，灵敏度、分辨率、端部不可检测长度等。利用对比试样选择检测条件，调整检测仪器且在检测中利用对比试样定期检查仪器的工作正常与否，还可以利用对比试样的人工缺陷作为调整仪器的标准当量，以此来判断被检工件是否合格。

涡流检测用的对比试样，一般都采用与被检工件同样牌号和状态的材料，用同样的加工方法制作。通常试样上有一定规格的人工缺陷，有时也可以直接从工件中选取具有典型缺陷的工件作对比试样。对比试样因检测目的及被检工件的材质、形状、大小等有所不同。采用对比试样调整仪器时，首先将探头放在对比试样的无缺陷处，用补偿和调零旋钮调好仪器零点，然后将探头放在不同深度的人工缺陷处调节灵敏度旋钮。

13.3 涡流检测的特点

涡流因电磁感应而生，因此涡流检测与其他无损检测方法比较，其主要优点有以下几点：

（1）检测线圈不必与被检材料或工件紧密接触，不需用耦合剂，检测过程不影响被检材料或工件的性能。可在高温下进行检测，或对工件的狭窄区域如薄壁管、细线、零件内孔表面及深孔壁等探头可到达的深远处进行检测。

（2）对导电材料表面和近表面缺陷的检测灵敏度较高。

（3）采用不同的信号处理电路，抑制干扰，提取不同的涡流影响因素，涡流检测可用于电导率测量、膜层厚度测量及薄板厚度测量，应用范围广。

（4）由于检测信号是电信号，所以可对检测结果进行数字化处理，然后存储、再现及数据处理和比较。

涡流检测的缺点是只适用于检测导电金属材料或能感生涡流的非金属材料。由于涡流具有趋肤效应，涡流检测只能检测表面和近表面的缺陷，不能检查材料深层的内部缺陷。另外，仅依靠涡流检测通常也难以区分缺陷的种类和形状。

任务实施

1. 碳纤维树脂基复合材料的涡流检测

碳纤维树脂基复合材料与金属材料相比，导电性能要差许多，但其仍然具有一定的导电性，而且它的导电性能与纤维类型、纤维体等有密切相关性,而且由于纤维在复合材料中的取向不同,其电导率也不相同,即复合材料属于电导率分布各向异性的弱导电材料。因此碳纤维树脂基复合材料的涡流检测是近年一个较为活跃的检测技术方向。

碳纤维的横向电导率与纵向电导率相差十分明显,不同复合材料其电导率各不相同,不同厚度复合材料,其电导率也不相同,例如,C-C复合材料厚度为 25.4 mm 时,其电导率为 178 Ω^{-1},而厚度为 50.8 mm 时,电导率则为 91 Ω^{-1}。图 4-31 是萨瑞库斯公司生产的 4040 碳纤维涡流扫描系统,可以实现碳纤维复合材料的涡流 C-扫描成像检测。在涡流检测应用方面,如格林贝克和 A.塞文采用涡流检测方法,开展了碳纤维-环氧复合材料和凯芙拉纤维复合材料的涡流检测研究,图 4-32 是其获得的复合材料涡流扫描成像检测结果,采用聚焦涡流探头,试样铺层结构为[$-45°_2$,$0°_2$,$45°_2$]s,扫描范围为 125 μm×125 μm,图中给出的涡流 C-扫描结果对应试样中+45°方向铺层,可以非常清晰地看出+45°纤维取向。

图 4-31 萨瑞库斯公司的 4040 碳纤维涡流扫描系统

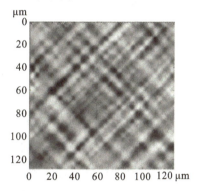

图 4-32 碳纤维复合材料涡流 C-扫描成像检测

2. 飞机结构件疲劳裂纹涡流探伤

在役的结构件可能产生各种缺陷,多见疲劳裂纹,飞机维修部门常用涡流探伤方法来检测这种危险缺陷。如用专用探头式线圈对机翼大梁、衍条与机身框架联结的紧固件孔周围、发动机叶片、起落架、旋翼和轮毂等部位产生的疲劳裂纹进行检测,还可对飞机上容易产生疲劳裂纹的部位或重要的零部件实施实时监控,以保证飞机的安全。

涡流检测的最大优点是便于现场检测。它对纤维断裂损伤比较敏感,检测灵敏度高。涡流检测分为高频涡流检测和低频涡流检测。高频涡流用于检测复合材料构件表面或近表面的纤维断裂与裂纹;低频涡流用于检测复合材料表面以下部分的裂纹。当检测紧固件孔边裂纹损伤时,可通过将大小与孔径相适应的探头在孔内旋转并上下移动扫描来进行检测。涡流检测除检测损伤外,还可用于检测复合材料夹芯结构的厚度,例如,采用涡流检测仪和探头检测机头雷达罩的厚度,检测误差在±0.005 in 以内。

项目拓展

1. 复合材料声振法检测

声振法无损检测是利用外部激励源在被检测物体内产生的弹性振动,通过分析这种弹性振动引起的时域或者频域响应行为,从中构建某些可能与材料或结构内部缺陷存在数理联系的特征参数和评判方法,进而实现对其内部缺陷的无损检测。因此,声振法无损检测是典型的有益振动现象在材料及其结构工程检测方面的实际应用,已成为复合材料胶结结构的一种非常重要的无损检测方法。声振法检测不仅可以用于检测复合材料及胶结结构中的分层和脱粘等缺陷,有时候还可以用来进行厚度的测量和缺陷深度的确定。

由于胶结工艺和胶结结构及检测环境、场合等特点,例如,多层板-板胶结结构、多层蜂窝芯夹层结构、制造工序间的胶结结构、不允许接触液体耦合剂的胶结结构和外场胶结结构等,超声、射线往往不便或者难以实现胶结结构的无损检测,而声振法则提供了快速、廉价的检测方法。

声振检测测量的是被检测复合材料胶结结构声波的振动响应。通常可以用振动的幅值、相位和谐振频率等描述这种振动响应。对于那些缺陷的存在引起刚度变化明显的复合材料结构,声振法有较好的检测适用性。声振检测方法对胶结结构中的空隙脱粘、未黏结、分层等具有较强的检出能力。声振法的检测灵敏度和检测分辨率随缺陷的深度增加会显著降低。声振检测主要是基于比较法进行缺陷识别,即利用与被检测复合材料结构一致的对比试块中的缺陷区和良好区的声响应特性(如幅值、相位、谐振频率)的差异,进行缺陷的判别和报警。因此,通常需要根据被检测复合材料胶结结构,制备专门的检测对比试块,设置正确的检测参数。经过几十年的发展,目前声振检测仪器的小型化、数字化和智能化明显,而且基本都有检测参数自动优化功能,从而使声振检测特别适合室内外飞机复合材料胶结结构的无损检测。

声振检测方法与超声检测等其他方法相比:检测速度快,方法简单,不需要耦合剂,工作频率低,受蜂窝格子的影响小,可以检测曲面形状的零件,能够检测出胶结结构中的脱粘(包括气孔和疏松)、蜂窝芯损坏等大部分缺陷。仪器小而轻,操作简单,特别适合现场检测。通过换能器提取的检测信号是一个简谐信号,幅值、相位、频率俱全。当胶结状态不同时,换能器的输出信号就会相应地发生变化,因而幅值、相位及振动系统的谐振频率都会发生变化,选择其中变化明显的参数,根据这些参数的变化在时域范围内可以很方便地进行缺陷识别。检测信号经过模拟和数字化处理后,可以用单片机来分析检测信号,实现自动判伤,存储检测信息,自动报警、缺陷分类与统计,产生永久性记录,若配上定位装置还可以很容易地产生不同类型缺陷的C-显示图形。配上高级计算机就可以在实验室进行人机对话式的自动检测。

声振检测适合的蜂窝结构和场合主要有以下几种:

(1)制造、维修、外场原位阶段的金属蜂窝胶结结构和复合材料蜂窝胶结结构,包括蒙皮-蜂窝芯-蒙皮、蒙皮-垫板-蜂窝芯-蒙皮、蒙皮-蜂窝芯-蒙皮-蜂窝芯-蒙皮等胶结结构中脱粘检测,如飞机的方向舵、安定面等蜂窝胶结结构、发动机中的蜂窝消声结构等。

(2)制造、维修、外场原位阶段的复合材料蜂窝胶结结构,包括蒙皮-蜂窝芯-蒙皮、蒙皮-垫板-蜂窝芯-蒙皮、蒙皮-蜂窝芯-蒙皮-蜂窝芯-蒙皮等胶结结构中脱粘检测,包括固定翼飞机、无人机、直升机中的各种复合材料蜂窝胶结结构等。

(3)制造、维修、外场原位阶段的各种板-板胶结结构,包括金属-金属板-板胶结结构、金属-复合材料板-板胶结结构等中的脱粘检测。

因此,声振检测方法目前已在飞机和发动机胶结结构检测中得到十分普遍的应用,特别是在外场和服役条件下飞机原位检测过程得到了普遍应用。

2. 复合材料红外检测技术

复合材料红外检测是利用红外热成像技术,通过建立来自复合材料结构表面或近表面的红外热像与被检测复合材料结构表面或内部变化(如缺陷的存在)之间的数理联系,对其进行缺陷或者损伤的无损检测。由于红外辐射可以通过空气传播,因此,红外检测属于一种非接触的无损检测方法;同时,由于红外辐射通过被检测复合材料表面或近表面向外传递,当位于物体内部深处缺陷引起的红外辐射变化传递到其表面时,会变得不明显,因此,红外检测方法主要对被检测复合材料结构的表面或者近表面缺陷有较好的敏感性。

对于工业无损检测而言,必须使被检测物体产生可识别的红外热辐射,目前主要有两种方式可使被检测物体或者结构产生红外辐射:①来自被检测物体自身发热产生的可识别的红外辐射;②通过外部热源,即热加载,使被检测物体或结构产生可识别的红外辐射。由于通常复合材料结构自身并不会产生可识别的红外辐射,因此,目前主要是采用外部热加载的方法,基于被检测复合材料结构在热加载过程中产生的红外辐射形成的温度场及其变化,通过热像仪接收这种温度场及其变化,并将其转换为热像,进行检测结果的评定和缺陷判别。

复合材料红外检测主要是基于被检测物体表面呈现出来的温度场及其变化,并通过热像仪将其转化为热图像,进行计算机成像显示和缺陷的检测评定。目前红外检测主要分为脉冲红外检测方法和锁相红外检测方法。主要是用红外热像仪接收来自被检测零件表面的红外辐射(温度)信号,红外热像仪也在不断改进和升级中。目前用于复合材料红外检测的热像仪的温度测量精度可以达到 0.5 ℃,甚至 0.01 ℃。

红外检测对一些不便于用超声等检测方法进行检测的复合材料结构或检测场合,有一定的检测适用性,对复合材料表面和近表面缺陷有一定的检出能力。目前取得一定工程实际应用效果的是复合材料蜂窝夹芯结构积水的无损检测。

3. 激光全息检测

激光全息检测是利用激光全息照相来检测物体表面和内部缺陷的一种非接触检测方法。激光全息照相是将物体表面和内部的缺陷,通过外界加载的方法,使其在相应的物体表面造成局部的变形,用全息照相来观察和比较这种变形,并记录在不同外界载荷作用下的物体表面的变形情况,然后进行观察和分析,从而判断物体内部是否存在缺陷。

激光全息照相检测法具有检测灵敏度高,可以检测大尺寸物体(只要激光能够充分照射到物体表面,都能一次检测完毕),可以对任何材料任意粗糙的表面进行检测,可确定缺陷的大小、部位和深度,检测结果直观并便于保存等特点。

用激光全息法可以发现复合材料结构近表面的纤维断裂、基体裂纹和分层。对孔隙含量一般检测不出来。对于用碳纤维增强复合材料作为面板的蜂窝夹芯结构,激光全息法能检测直径大于 10 mm 的胶接缺陷。

巩固练习

1. 常见的用于复合材料结构损伤检测的方法有哪些?
2. 敲击法适用于哪类范畴的损伤检测?
3. 常规的敲击检测工具有哪些?
4. 何为超声波检测法?超声波检测法有何优点?
5. 何为射线检测法?射线检测法的检测范围是多少?
6. 何为涡流检测法?涡流检测法有何特点?
7. 何为红外线照相检测法?红外线照相检测法有何特点?
8. 何为激光全息检测法?激光全息检测法有何特点?

项目 5　飞机复合材料层合板结构件的修理

项目目标

知识目标：(1) 掌握复合材料层合板结构件铺层修理方法与修理工艺。

(2) 熟悉复合材料层合板结构件的注胶修理、填胶修理、胶接连接修理和机械连接修理方法。

能力目标：能选择合适的复合材料层合板损伤修理方法，会进行层合板的铺层修理。

素质目标：(1) 具有较强的规范意识、标准意识、担当意识。

(2) 具备严谨认真的工作态度和一丝不苟的精神。

项目引入

复合材料层合板及其结构广泛用于蜂窝夹芯结构的面板、蜂窝夹芯结构件的边缘、薄壁板、梁构件等复合材料构件。图 5-1 所示为某飞机复合材料方向舵示意图，它由碳环氧面板、翼梁和肋组成，其中面板采用碳纤维平纹织物增强，碳纤维单向带用于局部加强。层合板由于作为蜂窝夹芯结构的面板，处于结构的外表面，往往最容易且最先受伤。复合材料方向舵经常会发生蒙皮损伤。图 5-2 所示为飞机复合材料方向舵下蒙皮修理。图 5-3 所示为飞机复合材料方向舵上蒙皮修理。

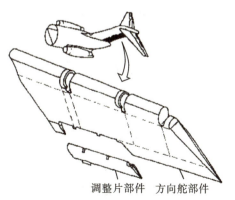

调整片部件　方向舵部件

图 5-1　飞机复合材料方向舵示意图

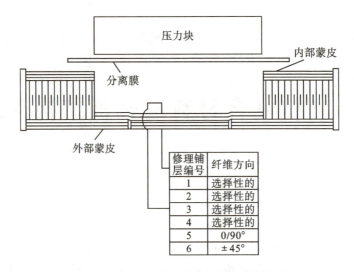

图 5-2　飞机复合材料方向舵下蒙皮修理

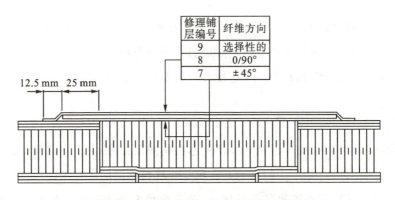

图 5-3　飞机复合材料方向舵上蒙皮修理

图 5-4 所示为某飞机升降舵调整片的示意图,由梁、玻璃钢蒙皮、悬挂接头、配重及泡沫塑料芯子等组成。对于升降舵调整片玻璃钢蒙皮的修理,允许蒙皮表面有轻度擦伤和压坑,对深度不超过 1 mm 的非突变凹坑可以采用胶液填平修理,保证表面光滑。

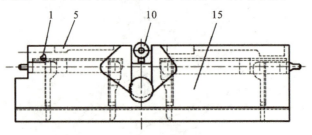

1—梁;5—配重;10—悬挂接头;15—蒙皮。

图 5-4　升降舵调整片

飞机复合材料层合板常见的表面损伤有擦伤、刻痕、划痕和凹坑等,内部和边缘损伤有分层、脱胶等。当复合材料层合板结构件出现损伤时,就要视情况予以相应的修理,防止其进一步损坏并尽量恢复其功能。

任务 14　复合材料层合板结构件的铺层修理法

任务描述

铺层修理法是复合材料结构修理方法中最重要且最具有代表性的修理方法。复合材料结构的可修理损伤绝大多数需采用铺层修理法。当损伤较严重,但未穿透层合板,且部件有气动外形要求时,可以采用湿铺层修理或者预浸料修理。对于穿透性损伤,修理时只有一面可接近或者两面可接近,也可以采用湿铺层修理或者预浸料修理。

知识链接

14.1　铺层修理法的定义

铺层修理是指清除损伤后,采用湿铺层或预浸料实施铺层修理,经封装后,在室温下或者加热到某一温度实施固化的修理方法。封装是指在完成铺层工序之后,采用一些工艺辅助材料,如分离膜、吸胶透气布等,并且根据需要铺放均压板、电热毯、透气棉毡等,然后用真空袋或真空袋薄膜将铺层修理处密封起来,这是为抽真空、加热固化作准备的一个工序。固化是指通过热、光、辐射或化学添加剂等的作用使热固性树脂或塑料由胶糊状转变成固体状态的化学反应过程。固化常通过加热加压来完成。经配制、调和后的树脂可在室温下经过一段时间固化,也可加热到某个温度经过较短的时间固化。加热可缩短固化时间,并且温度越高,固化的时间越短。

14.2　铺层修理法的分类

根据复合材料修理过程中固化所需要的温度不同,可将修理方法分为冷修理和热修理。在室温下固化的修理称为冷修理。冷修理应用于受力不大、不重要的复合材料结构的修理。有时候冷修理也采用加热固化,但通常加热温度不超过 65.56 ℃(150 ℉),加热的主要目的是缩短树脂的固化时间。注意,冷修理不能用在高应力区和主要结构件的修理上。

非室温固化的加热固化修理称为热修理。通常加热的温度有 93.33~110 ℃(200~230 ℉)、

121.11 ℃(250 ℉)和176.67 ℃(350 ℉)三种。其中200~230 ℉适合采用湿铺层的修理。250 ℉和350 ℉两种温度适合采用预浸料和预固化片的修理。通常,受力较大、较重要的复合材料结构都采用热修理。热修理能够使原结构恢复至符合适航要求的强度。采用热修理时,修理用的材料要与固化温度相适应。

复合材料结构的修理是否采用热修理,采用哪种温度,这取决于原结构是采用什么样的温度固化制造的,还要考虑到损伤的程度和范围、结构的重要性,以及修理方法。如果原结构采用250 ℉固化制造,原则上修理时就应采用250 ℉固化热修理,绝不能采用350 ℉固化修理。如果原结构采用350 ℉固化制造,原则上修理时也应采用350 ℉固化修理。但是,如果损伤较小或者临时性修理,就可采用低于原固化温度的温度固化修理。在飞机结构修理手册提供的修理方案中有允许采用低于原固化温度修理的案例。

根据复合材料修理过程中补片材料的不同,复合材料层合板结构的铺层修理分为湿铺层修理和预浸料修理。

湿铺层是指在工作现场,用树脂将干的纤维织物或者纤维浸渍后所形成的补片铺层。湿铺层另外还有一个动词含义,就是指用浸渍了树脂的纤维织布或者纤维进行铺层修理或者制作复合材料构件。湿铺层修理是指现场调配树脂并浸渍纤维织物,然后逐层铺放修理补片的修理方式。

湿铺层修理的优点是纤维布不用冷冻保存,具有很长储存寿命,材料储存方便,常用于临时性修理,可以不需要加热设备。湿铺层修理的缺点是固化温度较低,固化时间长,而且修理后不能完全恢复其原强度和耐用性。为了加速固化过程和提高黏结强度,也可以利用加热设备加热到规定温度固化。一般被用于非重要构件,或仅作临时性修理并规定有后续检查周期。

湿铺层修理需要现场调配树脂,再将干的织布材料浸渍其中,制作修理补片,铺放到被修理区域,进行封装、固化。

预浸料是指预先浸渍了树脂的纤维或者织布。预浸料修理也被称为干法修理,它是以预浸料和胶膜作为主要的修理材料,然后逐层铺放修理补片的修理方式。预浸料和胶膜这两种材料都要在冰箱里保存。

预浸料修理的优点是制作方便、干净,固化后强度较高,通常作为永久性修理方案。预浸料修理的缺点是材料的储存需要低温,固化一定要高温,一些小的修理站不能满足设备和工艺的要求。

预浸料修理的步骤如下:①确定损伤区域,并按步骤去除水分;②去除损伤层;③修理区域的准备;④修理材料保存在冰箱里,制作补片前要从冰箱中取出,在放置达到室温后才可以解开包装,注意铺层方向;⑤在准备好修理表面并确定修理层数和准备好模板后,按模板剪裁预浸料和胶膜,准备修理铺层;预浸料修理层的搭接至少达到 1.27 cm;⑥封装和固化;⑦固化后的检查和打磨。

预浸料修理如图 5-5 所示。要准备两层胶膜,胶膜尺寸比最外层的加强层大 3.175 mm (1/8 in)。先放置第一层胶膜,胶膜尺寸大过最大修理层。在加温固化时,它熔化后使其上部的所有预浸料铺层和结构修理表面粘接更好。预浸料中虽然含有胶黏剂,但和修理结构表面粘接就必须提供额外的胶膜作补充。按照顺序放上填充层,填充层的尺寸与打磨的最内圈吻合。接着铺设结构层数相同的修理层。再铺设加强层,加强层的材料、尺寸和数量要根据 SRM 手册的规定选择。最后在外层铺一层胶膜,胶膜固化后形成硬的外层,外层可以防潮并可供打磨整形。

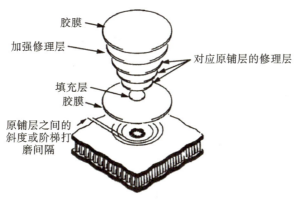

图 5-5 预浸料修理

14.3 铺层修理的工艺流程

铺层修理的工艺流程如图 5-6 所示。对于需要修理的复合材料结构,若损伤结构处有水分,可封装起来,加热,抽真空,把水分抽走,如果没有水分,直接清除损伤,把损伤区域打磨光滑,用丙酮或酒精清洁损伤处。如果采用湿铺层修理,现场制作湿铺层,用制作的铺层来修理。如果采用预浸料修理,要预先把预浸料从冰库拿出来解冻,解冻到室温才可打开预浸料袋子,进行铺层修理。损伤区域铺好后进行封装和固化,固化结束后,打开封装用的材料,整修固化表面,检查修理区域是否合格,是否有分层,黏结是否牢固等,这样整个修理过程就完成了。

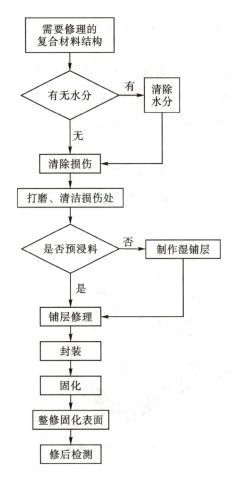

图 5-6 铺层修理的工艺流程图

任务实施

1. 铺层修理的主要工序

1) 确定损伤区域

对于复合材料层合板的损伤,除了表面可以看见的破损以外,多数情况下材料的内部可能会有延展的分层或脱胶损伤。有时,结构表面看不出有什么损伤,但有可能内部已经出现了分层等损伤。

对于较薄的复合材料,检查内部损伤最常用的方法是敲击法。敲击检查法如图 5-7 所示,敲击法可用于检测复合材料构件的分层、脱胶、树脂固化不完全和某些裂纹等损伤。特别适用于检测层数小于或等于 3 层的层合板的分层损伤。采用硬币、敲击棒或者敲击锤敲击复合材料结构表面时,未分层或者脱胶区域的声音比较清脆,而分层或者脱胶区域的声音则比较沉闷。

图 5-7 敲击检查法

对于较厚的复合材料内部检查常用超声波检测,运用仪器进行无损检测以精确确定损伤的范围、深度。

复合材料层合板结构件的损伤被确定下来后,在构件上用色笔做标记。同时通过查相应的结构修理手册和工程图纸确定真实的设计铺层图谱,即原设计的铺层材料、层数和方向。做到下手切除损伤前心中有数。

根据损伤的范围及其大小,确定去除损伤的形状。如果损伤形状接近圆形,就选择圆形模板画出去除损伤的轮廓线;如果损伤形状为长条形,就选长圆形。然后按照手册要求的打磨层间距画出对应于铺层数目的同心圆形,如图 5-8 所示。有时根据实际损伤情况,也可能自己做划线模板划线。

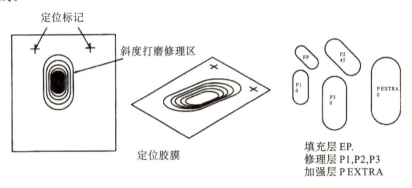

填充层 EP.
修理层 P1,P2,P3
加强层 P EXTRA

图 5-8 修理模板

2)清除损伤结构区域中的水分

当复合材料结构受到损伤时,常常会有水分或湿气进入损伤区域。对复合材料结构实施修理,首先需要将损伤结构中的水分清除干净,即干燥修理区域。复合材料层合板一般不易进水,但是如果表面有裂纹等损伤,同时通道内部有脱胶、分层损伤处,那么很可能有水分、油脂浸入层合板内部。水浸入复合材料零件里会产生以下几方面的影响。首先,材料中的水在空中低温时会结冰膨胀;温度高了,冰又会融化。随着飞行小时的增加,结冰-解冻循环的长期作用会损伤层合板的黏结。其次,水会增加零件重量,影响飞行控制面的配平。最后,积聚的水分是引起腐蚀的根源。所以,需要干燥修理区域。

为了清除层合板损伤区域中的水分,通常采用真空和加热的方法去除水分,加热方式很多,如电热毯、热风枪、加热灯或者烘箱等。烘箱适合加热比较大或者不好铺设真空袋的结构件。

用电热毯加热来去除复合材料结构中浸入的水分是结构修理中常用的方法。采用加热灯进行除水,可以使用一个或多个加热灯,这种方法和真空袋除水法结合可提高除水效率,几个加热灯同时工作的效果要好于单个加热灯。热空气也可被用来去除修理部位浸入的水分,为了减少复合材料结构的热损伤,采用热电偶对加热区进行监控,最好使热风枪和部件的距离固定,且按照推荐的标准进行操作。

3)清除损伤

清除损伤主要包括以下六个步骤:

(1)通过查询飞机结构修理手册确定损伤部位铺层,包括铺层材料、层数和方向。

(2)清洁修理表面。视具体情况采用抹布、吸尘器或者清洁溶剂等清洁修理区域的表面。清洁溶剂可以采用丙酮或者三氯甲烷,用无绒干净抹布将溶剂擦干,不要让其自然挥发干燥。

(3)根据损伤范围的大小及形状,画出待去除损伤的划线。划线要考虑以最小的切除量将损伤部分彻底清除干净。如果损伤的形状接近圆形,就取圆形;如果损伤呈长条形,就取长圆形。通常,去除损伤的划线,是按划线样板画出的。修理单位一般都有一系列按 25～50 mm 的尺寸递增加大的、直径大小不同的划线样板。

(4)贴标示带。用彩色标示带将修理轮廓框起来,以利于保护周围未损伤区域及突出修理部位。修理区域大小按损伤切割形状与大小、损伤层数及修理材料确定。对于湿铺层修理,相邻层轮廓线之间的距离为 25 mm。对于采用预浸料修理的情况,相邻层轮廓线之间的距离为12.5 mm。根据损伤层数及附加修理层层数,再适当放些余量,就可以确定被修理区域的大小。

(5)切割、打磨清除损伤。损伤情况不同,采用的打磨方法也有所区别,可采用手工打磨、动力打磨、孔锯切割等方法清除损伤。手工打磨采用 100～180 目或者更细的打磨片将损伤的铺层打磨掉。打磨时沿着纤维方向,以免折断纤维,较好的手工打磨方法是用 240 目碳化硅砂纸湿磨,或者用 150 目的氧化铝砂纸干磨。动力打磨推荐使用直径为 75 mm 打磨盘的气动工具,打磨砂纸为 100～180 目。当夹芯结构的层合面板整个厚度都损伤时,如果切割去除损伤的形状为圆形,可以选择不同外径的孔锯切割,也可以按样板铣切。

(6)检查切口区域,确保所有的损伤都被去除。

4)打磨修整损伤区域

在清除损伤之后,要打磨出铺层黏结型面。铺层黏结型面有两种形式:锥面斜坡形和阶梯形。图 5-9 所示为铺层黏结型面,图 5-9(a)是锥面斜坡形,图 5-9(b)是阶梯形。手册通常推荐采用锥面斜坡形。可使用气动打磨机、抛光机进行型面打磨。

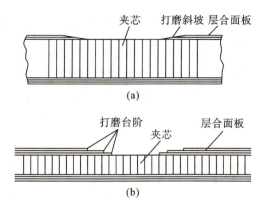

图 5-9 铺层黏结型面

(1) 斜坡打磨：飞机结构修理手册推荐斜坡打磨法。斜坡打磨要求有一个适当的打磨斜度，必须将损伤全部打磨掉。大多数修理要求的斜度是每层 12.5 mm。冷修理要求的斜度是每层 25 mm。斜坡打磨，典型的锥面斜坡的斜率为 20∶1 或 30∶1。波音 777 飞机对于少于 6 层的蒙皮要求的斜率是 50∶1；对于多于或等于 6 层的蒙皮要求的斜率为 30∶1。打磨锥面斜坡较难把握其锥度的准确性。通常先按打磨台阶的方法划线，在直径和深度方向稍留余量的前提下打磨各台阶，然后再将各台阶打磨成锥面斜坡。一个合格的斜坡打磨，打磨后能够看出层与层的边界，可以辨识出损伤区域的铺层数。整个打磨区是平滑的圆锥台形状。

(2) 阶梯打磨。根据损伤面积的大小，选择相应直径的样板，先划出最小打磨台阶直径，然后，按单边台阶宽 12.5 mm 或者 25 mm 的阶梯递增的直径划线，通常是采用样板划线。用打磨机从最小打磨台阶直径那一层开始逐层打磨，形成一系列宽度为 12.5 mm 或者 25 mm 的阶梯，直到损伤最外层。使用 150 号或者更细的砂纸，打磨光滑切口的边缘。

打磨台阶为层与层之间至少保留 12.5～25 mm 的距离做黏结面，即靠近外表面的层半径比下层至少大 12.5 mm 作为搭接区。湿铺层修理要求搭接区宽一些，至少是 25 mm，预浸料修理要求搭接区至少是 12.5 mm。打磨时要注意不要损坏未损伤的层、蜂窝芯和周围的区域。

(3) 除去漆层。通常要将清除损伤修理区域以外宽 25 mm 范围内的表面漆层除去。除去漆层是为了增强胶接力。复合材料结构表面除漆的方法包括手工打磨、喷塑料丸除漆和激光除漆等。

目前手册上规定一般采用手工打磨的方法除去表面漆层，用 80 目和 150 目砂纸分次打磨。打磨时必须顺着纤维方向，并且注意不要损伤下层的纤维，并用吸尘器吸净粉尘，再用溶剂清洁。手工打磨去除复合材料漆层的方法不仅耗时长、效率低，打磨质量难以控制，而且对环境和操作人员伤害大。

喷塑料丸工艺是一种有效的复合材料除漆工艺，它是将颗粒状塑料在压缩空气的作用下，通过喷枪高速喷射到复合材料结构工件表面，在塑料丸较为锋利的棱角切割和冲撞击打双重作用下,使漆层表面发生割裂和剥离,从而达到高效退漆的目的。然而,喷塑料丸退漆对厂房和环境要求高,需要较高的设备投资费用,且对环境和操作人员也有一定的伤害。

激光除漆是一种有效、快捷、"绿色"的飞机复合材料结构表面漆层去除技术。激光除漆是将高能量的激光照射到待清除涂层部位,利用激光移除基材表面涂层,具有不需要任何化学试剂、非接触式、可选择、高的洁净度、较广的复杂形状基材适应性、环境友好等优点,被认为是取代传统除漆工艺的理想方法。

结构修理手册中明确规定,绝对不能用除漆剂清除漆层,因为除漆剂会腐蚀复合材料。

打磨工具主要是打磨器,也有专业的机械阶梯打磨工具,可以通过调校精确地打磨掉每层厚度,如图 5-10 所示。图 5-11 是打磨标准。

图 5-10 打磨器及其使用

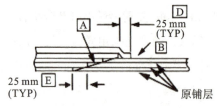

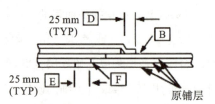

注：A 斜度打磨和阶梯打磨每层至少留 25 mm 的搭接区
B 打磨时不要损伤不需要铺层的区域
C 打磨不能露出或损坏到原粘接芯材的粘接层

D 上面的加强层要大过修理层至少25 mm
E 每一层铺层都要比之下的大至少25 mm 的搭接区
F 阶梯打磨不要损伤阶段区的铺层

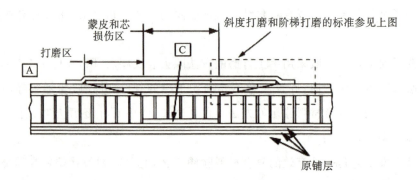

图 5-11 打磨标准

打磨时的安全注意事项：

(1) 呼吸系统防护。打磨的粉尘对人体的皮肤和呼吸系统有害，在打磨时要佩戴合格的呼吸保护用品，比如防尘口罩或碳过滤的防毒面罩、护目镜和耳塞。打磨要在吸尘间里进行，或边吸尘边打磨。

(2) 皮肤保护。细小的纤维丝和打磨粉尘进入皮肤会引起发炎和瘙痒，打磨时要注意保护裸露的皮肤。

(3) 眼睛防护。戴安全防护眼镜可以保护脸前方和侧面来的冲击伤害，如飞溅的液体和灰尘或热辐射的损伤。如果眼部被液体或灰尘损害，马上用大量的生理盐水或干净水冲洗，车间都要求在显眼位置配备洗眼设备，最简单的是瓶装的洗眼水。

5) 清洁修理区域

在铺层前，一定要很好地清洁修理区域，用压缩空气吹掉打磨区域的粉尘，然后用规定的溶剂，如丙酮或三氯甲烷等，清洁修理打磨的表面。清洁的好坏是影响黏结效果的重要因素。为了保证黏结效果，所有的黏结表面要保持干净，黏结前要先清洁表面。正确的清洁方法：用两块干净的脱脂棉布或专用擦拭纸，沾上清洁剂，两块布相同方向前后跟随，从一边擦向另外一边。擦过一片区域后，换另外两块干净的清洁布重新擦过，切忌反复用一块布擦，或画圈擦。

注意，须将溶剂倒在擦拭纸或无绒干净的抹布上，使其浸润，然后擦拭待清洁的修理面，如图5-12所示。另外，擦拭清洁时需及时将溶剂擦干，不要让其在被擦拭表面自然挥发、干燥。重复上述的清洁操作，直到所有修理区域清洁为止。

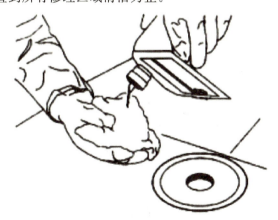

图 5-12 用溶剂清洁黏结面

修理区域的清洁质量可以通过水破裂试验来确定，如图5-13所示。具体的水破裂试验操作步骤如下：

(1) 确保待检修理区域是干燥的。

(2) 在待检修理区域上喷一层薄薄的软化水使之形成水膜。注意，使用水量要恰当，水膜太厚会覆盖缺陷,从而使试验失效。

(3)检查湿润的表面,如果在规定时间内,水膜不破裂,则表明表面清洁。

(4)如果水破裂形成的是单个的水珠,表明修理区域的表面存在油污,需要按以下的方法操作:①用400号的防水砂纸小心打磨修理区域;②用软化水清洁,并用擦拭纸擦干表面;③重复以上操作,直到水破裂试验达标为止;④用擦拭纸或者无纺布将试验的水抹干;⑤干燥修理区域的表面温度控制在60 ℃左右。

清洁后的表面要注意保护。不要用手直接接触清洁后的待修理黏结表面,否则,会严重影响黏结修理质量。修理人员需要佩戴白色手套或者橡胶手套操作后续的修理步骤。清洁结束后必须尽快完成整个修理工作,以防再次污染。

修理区域清洁时有一些注意事项:①清洁剂一般是化学试剂,对人体有害,具有挥发性和爆炸性;使用时要严格按照要求,以免造成人员和设备的损伤;②要佩戴橡胶手套或医用手套、碳过滤芯的口罩、护目眼镜;③清洁区域要保持良好通风;④用过的清洁剂要收集到专门的容器内,集中处理;⑤只允许使用指定的溶剂;⑥为了防止溶剂被污染,操作时要把溶剂倒在布上,而不要把布沾到溶剂里;⑦不允许将溶剂直接倾倒在层合板上。

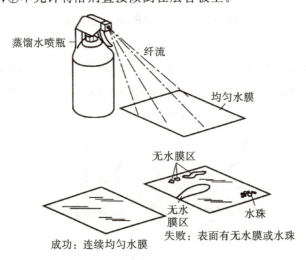

图 5-13 水破裂试验示意图

6)调配树脂

当采用湿铺层修理或者需要用树脂胶黏结构件时,就需要调配树脂。复合材料结构修理中使用的树脂胶黏剂绝大多数是双组分胶黏剂。平时,A组分与B组分材料是分开单独存放的。通常,A组分是树脂;B组分是固化剂等添加剂。调配树脂就是按规定的重量或体积比例把B组分加入A组分中,并且充分调和均匀的操作,如图5-14所示。

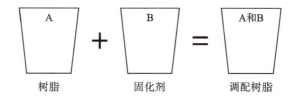

图 5-14 调配树脂

树脂是按重量或体积计量的。调配树脂的关键问题之一是如何确定所需树脂胶的重量。因为修理时,树脂胶调配多了会浪费;调配少了又不够用。正确控制混合树脂的含量,对湿铺层修理的质量有重要意义。

波音系列飞机和空客系列飞机的结构修理手册中都有重量比规定。通常干纤维布与树脂的重量比有以下规定。空客系列的飞机结构修理手册给出制作湿铺层用胶量的规定,干纤维织布的重量与树脂的重量比为 1∶1.2,若玻璃纤维或碳纤维的重量为 1,则树脂的重量为 1.2。波音系列的飞机结构修理手册规定湿铺层含树脂的重量应占总重的 $55\%\pm5\%$,即 $50\%\sim60\%$。

波音飞机复合材料结构修理培训手册中规定,浸渍玻璃纤维织布所需树脂的总重是该织布重量的 1.0 倍,即浸渍玻璃纤维织布所需树脂的重量与被浸渍布的重量相等;而浸渍碳纤维织布的树脂总重是织布的 1.3 倍。

考虑到在调配树脂时有少量会粘在器皿上,通常需要乘以一个 $1.05\sim1.1$ 的系数。得到总量后,再按树脂和固化剂的调配比例分别计算出各自需要的量,树脂 A 和固化剂 B 的调配比例根据树脂牌号的不同而不同。配胶的各组分的重量要用电子秤精确地称量,如图 5-15 所示。

图 5-15 称重配胶

在准备修理补片前,首先要根据相应机型的结构修理手册查出原纤维铺层的数目、类型和方向。各修理层必须与原对应铺层的厚度和方向均相同。再根据损伤区域大小,估计需要的纤维布的面积,然后剪裁干纤维布称重。

例如:某复合材料构件湿铺层修理,采用 45 g 碳纤维织布和 12 g D 型玻璃纤维织布;BMS 8-301 Class 1 树脂,A、B 组分的混合比为 100∶56。试求所需 A、B 组分的重量。

解: 所需树脂总量为 T_w。

按织布重量应配的树脂重量:45 g×1.3+12 g×1.0=70.5 g

胶液总量:$T_w=70.5$ g$\times(1.05\sim1.1)=75$ g

需要的树脂总量:$A_w=100/(100+56)\times75$ g$=48.07$ g

需要的固化剂总量:$B_w=56/(100+56)\times75$ g$=26.93$ g

调胶安全注意事项:

(1)树脂一定要充分搅拌均匀。否则树脂不能充分固化。

(2)调配树脂时动作要轻缓,否则将混入过多空气。

(3)树脂调配时会产生大量热量并可能产生有毒气体,要避免被烫伤和吸入有毒气体。

(4)调配树脂时要佩戴手套、口罩、护目镜。

(5)树脂沾到皮肤要马上清洁。树脂有一定的毒性,要格外小心以免沾染皮肤或溅入眼睛。

7)制作湿铺层

当采用湿铺层修理损伤时,需要制作湿铺层。制作湿铺层,即用树脂浸渍纤维织布,又俗称为"刮布"。

(1)选择湿铺层原材料。选择湿铺层原材料的基本原则是损伤的碳纤维铺层只能用碳纤维织品修理;玻璃纤维铺层和芳纶纤维铺层可用玻璃纤维铺层修理。通常,按相应机型结构修理手册的规定选择相对应的补片原材料。根据修理铺层数及大小,确定所需补片原材料的尺寸。

(2)用树脂浸渍纤维织布。用树脂浸渍纤维织布的步骤如下:

①剪下两片比纤维织布修理片大 75 mm 的塑料分离膜,把其中一片平铺在光滑平整的工作台面上,边缘用胶带粘贴,以防移动。其操作示例如图 5-16 所示。

②把调制好的树脂胶总量的近一半均匀地倒在分离膜上,注意,树脂倒洒的范围不要超过待浸渍纤维织布的大小。

③将准备好的纤维织布平铺在倒有树脂的分离膜上。

④将剩余的树脂均匀地涂在纤维布上。其操作示例如图 5-17 所示。

⑤再把第 2 张分离膜覆盖到涂了树脂的纤维织布上。

⑥用刮板或推滚在分离膜上刮推使树脂浸渍入纤维布中,同时赶走气泡和多余树脂,消除纤维织布的皱纹。制作时,不能将树脂刮到织布外面去,以免影响树脂和织布的比例。其操作示例如图 5-18 所示。

图 5-16 裁剪分离膜

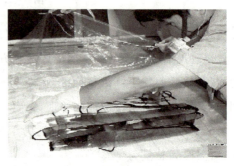

图 5-17 浸渍纤维织布

图 5-18 刮胶制作湿铺层

(3)裁剪修理补片。通常先在浸渍好树脂的纤维织布的分离膜上画出所需修理补片的形状和大小。注意,各铺层要标出铺层角,以保证各修理层与原结构各铺层的方向一致。修理补片数量多时,需编号以免出错。然后,按线裁剪成各个修理补片,如图 5-19 所示。

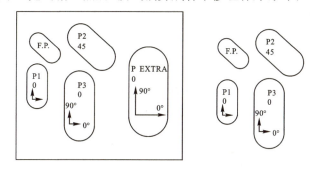

图 5-19 裁剪制作修理补片

8)手工铺层

手工铺层是将湿铺层修理补片或者预浸料修理补片按规定的铺层角、铺层顺序铺放到修理区,然后使用刮板或者推滚刮推,使铺层与修理表面或各铺层之间紧密黏合,从而形成修理铺层的方法。

(1)在铺放修理层时应确保使修理层的方向与原铺层的方向相同,铺层时从最内层铺起。手工铺层步骤如下:

①按铺层修理补片所需大小、形状和铺层方向在浸渍好的纤维织布或者预浸料表面分离膜上画出各修理补片的大小、形状,并标注出铺层角基准,然后剪裁下所需要的各修理补片。

②对于湿铺层修理,需在修理处整个待黏结面上涂一层树脂胶;对于采用预浸料来修理的铺层,则需在修理处待黏结面上铺放一层覆盖整个修理区域的黏结胶膜。

③铺设修理铺层。从修理补片的一侧取下分离膜,然后让修理补片拿掉分离膜的这面对着修理区表面,同时使修理补片的纤维方向与原铺层方向一致,铺放修理补片。

④用推滚在修理层的分离膜上推压滚动,以便消除修理补片的皱纹,赶走层间气泡。注意不要使压力过大,否则会出现贫胶缺陷。

⑤取下该修理层上表面的分离膜,再用上述①至④的步骤铺放第 2 层修理层。这样重复下去,直到达到所要求的铺层数为止。

(2)手工铺层注意事项:

①使每一修理层都要有足够的搭接区和原结构层接触。

②每个铺层两侧的分离膜必须拿掉,带有分离膜的铺层修理是无效的修理。

③如果需要增加附加层,其方向应按相应机型修理手册的规定来确定。

9)封装

为了使修理铺层黏结紧密,固化时要对修理区域加压。加压是通过把修理区用真空袋密封起来,对内部抽真空。大气压就可以均匀地对修理区域进行加压。封装是确保真空袋抽真空的关键。封装是指在完成铺层工序之后,在修理区域依次铺放分离膜、热电偶、吸胶透气布、均压板、电热毯、隔热棉和真空袋(薄膜)等,将铺层修理处密封起来,它是为抽真空和加热固化作准备的一个工序。预浸料修理和湿铺层修理的封装步骤基本相同,下面以湿铺层修理为例,说明封装的工艺流程,如图 5-20 所示。

具体封装过程如下:

①湿修理铺层上铺放一层 FEP(氟化乙烯丙烯塑料)有孔分离膜。分离膜尺寸要大过最上层的修理铺层 75 mm。

②在修理区均匀地放置 3 个热电偶,用胶带把它们固定到最外修理铺层上。热电偶的另一端连接到热补仪上,作为监控加热的反馈信号源。

③铺放一层超出 FEP 分离膜 50 mm 的 120 型玻璃纤维织物或相当厚度的玻璃纤维布,作为表面吸胶层。

④铺放一层无孔的 FEP 分离膜(厚度为 25 μm),起隔离作用,防止下面的胶层加热后渗透过玻璃纤维布而污染上部的加热材料。

⑤铺放一层 120 型玻璃纤维织物或相当厚度的玻璃纤维布,作为透气布。该层透气布边缘应与下面层透气布边缘接触。

⑥把一块金属均压板(可采用 400 μm 厚的铝板)放在透气布上面,它比玻璃纤维吸胶布稍小一些。

⑦把抽真空管基座固定在表面透气布上。

⑧铺放电热毯。电热毯的尺寸要超出修理区最少 50 mm。实际修理工作中,在电热毯上表面中央还要放置一个热电偶并用胶带固定。

⑨铺放若干层玻璃纤维表面透气布,它们的大小必须超出分离膜、加热毯和均压板,并且与加热毯下面的表面吸胶布相接触。

⑩围绕修理区,在比加热毯大 50~150 mm 的周围放上挤压封条。粘接封条一面和修理结构粘接在一起,另一面和真空袋粘接。

⑪把真空袋薄膜铺放在整个修理区的上方,并与挤压封条黏紧密封。其间,热电偶导线、电热毯导线都要通过粘接封条通向外边,要注意密封效果。

⑫在接头座处的真空袋表面扎个小洞,分别连接和固定抽真空管与真空表。抽真空,并保持 74.5 kPa 高的压力。检查是否漏气,修补漏气点。抽真空可以用热补仪,或直接用气源管连接抽真空设备。

封装工作至此结束。封装时须注意,像方向舵、升降舵和副翼等内部有空腔的部件,绝不能完全被包在真空袋内,否则,当压力降至 74.5 kPa 时,会压塌部件。

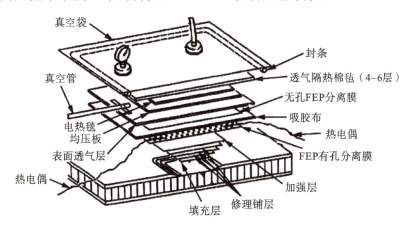

图 5-20 封装

10) 固化

固化是指通过热、光、辐射或化学添加剂等的作用使热固性树脂或塑料由胶糊状转变成固体状态的化学反应过程。固化常通过加热加压来完成。经配制、调和后的树脂可在室温下经过一段时间固化,也可加热到某个温度经过较短的时间固化。加热可缩短固化时间,并且温度越高,固化的时间越短。固化设备有热压罐、烘箱、加热灯、热风枪、电热毯等。

(1)固化温度和时间。

①湿铺层室温固化修理的固化温度和时间:对于湿铺层室温固化修理,不同树脂要求的固化温度和固化时间不同。在规定范围内,固化温度升高,固化时间缩短。例如,修理区可以在室温 68 ℉(20 ℃)下固化 5 d 或 150 ℉(65.56 ℃)下固化 180 min(3 h)。加热工具可以用加热灯或电热毯,具体操作要参考 SRM 手册。如果用加热灯加温,每分钟最高温升为 7 ℉(-13.89 ℃),监测温度可以在补片边缘放多个热电偶,以最慢升温的热电偶读数作为固化温度值。固化时真空压力为 74.5 kPa。

②250 ℉固化修理的固化温度和时间:250 ℉(121.11 ℃)固化过程如图 5-21 所示。针对预浸料修理,当用电热毯或等效加热装置加温时,使修理区温度以 2～8 ℉/min 的温升率上升到 250～270 ℉(121.11～132.22 ℃),并在这个温度下保持 120～180 min 后固化完成。当完成固化后,使修理区温度下降到 125 ℉(51.67 ℃)或更低时,解除真空压力,清除封装材料。

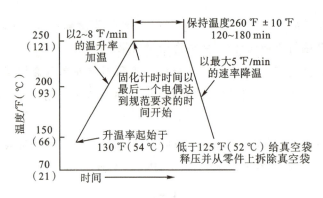

图 5-21 250 °F 固化过程

③350 °F(176.67 °C)固化修理的固化温度和时间:350 °F固化过程如图 5-22 所示。针对预浸料修理,用电热毯或相当的加热装置加温,使修理区温度以每分钟 1～5 °F 的温升率上升,并在 345～365 °F(173.89～185 °C)温度下保持 120～180 min,完成固化。当固化结束时,要在保持真空压力下,以每分钟下降 5 °F 的速率冷却。当温度降至 125 °F(51.67 °C)或更低时,解除真空压力,拆除封装材料。

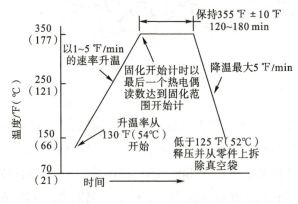

图 5-22 350 °F 固化过程

④固化的注意事项:修理区的固化温度是通过热电偶测得的温度。固化温度不能超过规定的温度值。如果出现超温,结构将产生变形或其他损伤。固化时间是修理区温度达到规定温度所需保持的时间,不包括模具和部件上升到规定温度所需要的时间。加温固化时,尽可能使用慢的温升率,以便使残留的湿气散出并使模具加热。

(2)固化压力。

在整个固化期间,修理区域必须保持 74.5 kPa 的压力。固化期间还要通过注意观察真空负压表来判断密封的修理区域有无漏气。可以通过仔细倾听漏气泄流的声音来判断寻找漏气点,还可以采用超声波测漏仪来检测漏气点。发现漏气,要及时按压漏气处的真空袋薄膜使其与封条密封。

11)固化后检查和打磨

固化后要进行检查,如图 5-23 所示,检测区域不仅局限在修理区域,还应包括电热毯加热影响区域。一般检查修理区域周围至少 2 in 的区域是否还存在分层现象。通常采用无损检测方法检查修理区域是否存在孔隙和脱胶现象。检查中如果发现较严重的缺陷,应清除原修理材料,重新修理。

可采用敲击法检查,但这种检查修理质量的方法是不可靠的,应优先采用无损检测方法检查修理区域。

固化后的表面由于是在抽真空下完成的,树脂会形成褶皱的表面。为得到光滑的修理表面,要进行打磨。打磨修理区域边缘时,不应损伤修理区及附近结构纤维,否则将会降低构件强度。用 180 号或更细的砂纸轻轻打磨最外层的表面和边界,以便得到一个自然过渡的边界。

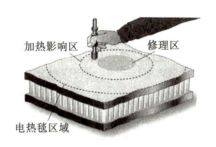

图 5-23 修理后检测

2. 非穿透性损伤室温固化挖补修理

当损伤较严重,但未穿透层合板,且部件有气动外形要求时,应采用齐平式修理方法,可以采用湿铺层室温固化挖补修理,图 5-24 中为斜坡挖补修理方式。

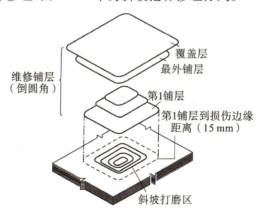

图 5-24 非穿透性损伤室温固化挖补修理

具体修理流程:①进行修理区准备;②进行水破裂试验;③准备干燥修理区;④按具体规范配制层压树脂;⑤准备湿铺层;⑥按规定的方向和层数将修补层铺放在修理区;⑦放置真空袋和加热设备;⑧真空压力下按规定的温度和时间固化;⑨拆除加热设备和真空袋;⑩检查修理质

量,应符合相关文件的要求;⑪恢复表面漆层。

采用斜坡湿铺层挖补修理,当进行铺层时可采用金字塔铺层方式,第一铺层最大,其他铺层面积逐渐减小;也可采用倒金字塔铺层方式,第一铺层面积最小,最后一层铺层面积最大;也可以采用阶梯挖补方式。

3. 非穿透性损伤预浸料热固化挖补修理

当损伤较严重,但未穿透层合板,且部件有气动外形要求时,应采用齐平式修理方法,也可以采用预浸料热固化挖补修理,图5-25中采用的是斜坡挖补修理方式。

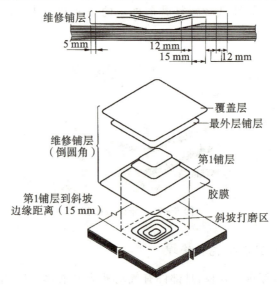

图5-25 非穿透性损伤预浸料热固化挖补修理

具体修理流程:①进行修理区准备;②进行水破裂试验;③准备干燥修理区;④准备铺层和胶膜,确定大小、方向和层数;⑤将准备好的胶膜和预浸料铺层按规定的顺序、方向和层数铺叠在修理区;⑥放置真空袋和加热设备;⑦真空压力下按规定的温度和时间固化;⑧拆除加热设备和真空袋;⑨检查修理质量,应符合相关文件的要求;⑩打磨除去修理区周围多余的树脂;⑪用溶剂清洁修理区;⑫恢复表面漆层。

采用斜坡预浸料热固化挖补修理,当进行铺层时可采用金字塔铺层方式,第一铺层最大,其他铺层面积逐渐减小;也可采用倒金字塔铺层方式,如图5-26(a)所示,第一铺层面积小,最后一层铺层面积大;也可以采用阶梯挖补方式,如图5-26(b)所示。当损伤铺层小于三层时,可采用填充粘接配合附加铺层补强修理方式,如图5-26(c)所示。如果损伤大于或等于三个铺层,建议采用填充铺层,而不用填充胶黏剂的方法,如图5-26(d)所示。

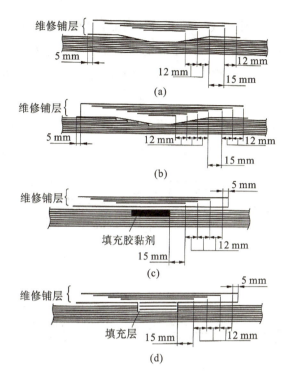

图 5-26 非穿透性损伤预浸料挖补修理不同形式

4. 穿透性损伤湿铺层挖补修理

对于穿透性损伤,若维修时只有一面可接近,可采用湿铺层挖补修理,如图 5-27 所示。

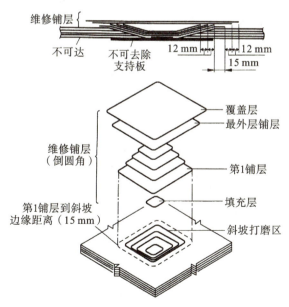

图 5-27 穿透性损伤湿铺层挖补修理(一面可接近)

具体修理流程：①准备修理区域；②准备修理树脂；③制备修理铺层；④在修理区域铺层修理；⑤如需加热固化，安装真空袋；⑥在一定温度和压力下固化；⑦拆除真空袋和加热装置；⑧检查修理区域；⑨用 280 目砂纸打磨修理区域多余的树脂，然后用 400 目砂纸抛光；⑩用溶剂进行擦拭、清洗；⑪恢复表面涂层。

对于穿透性损伤湿铺层挖补修理，可采用金字塔铺层方式进行铺层，也可采用倒金字塔铺层方式，如图 5-28(a)所示，还可以采用阶梯挖补方式，如图 5-28(b)所示。

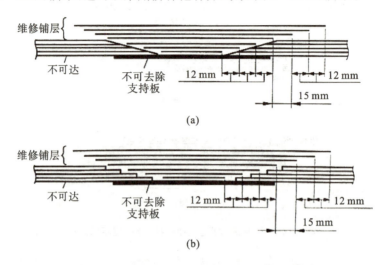

图 5-28 穿透性损伤湿铺层挖补修理不同形式

对于穿透性损伤，维修两面可接近的情况时，可采用湿铺层挖补修理，应用上述单面修理方法进行修理时，可以去除背面支持板。有时在背面支持板去除之后，可再附加一层铺层以加强修理区域强度，如图 5-29 所示。

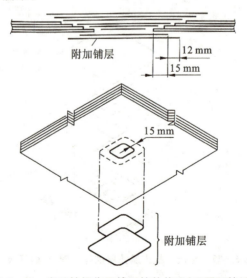

图 5-29 穿透性损伤湿铺层挖补修理（两面可接近）

5. 穿透性损伤预浸料热固化挖补修理

对于穿透性损伤,维修时若为双面可接近,可采用预浸料热固化挖补修理,如图 5-30 所示。

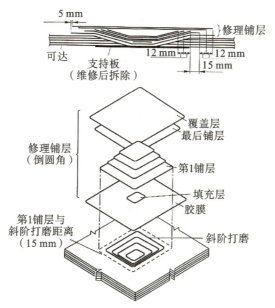

图 5-30 穿透性损伤预浸料挖补修理(两面可接近)

具体修理流程:①准备内外修理区域;②准备预浸料铺层;③在修理的另一面安装支持板;④在修理区域铺设胶膜和预浸料铺层;⑤安装真空袋和电热毯;⑥在推荐的固化制度下固化;⑦拆除真空袋和电热毯;⑧拆除支持板;⑨检查修补区域;⑩用清洁溶剂清洁修理区域;⑪恢复表面保护层。

对于穿透性损伤预浸料热固化挖补修理,当进行铺层时可采用金字塔铺层方式,也可采用倒金字塔铺层方式,如图 5-31(a)所示,还可以采用阶梯挖补方式,如图 5-31(b)所示。

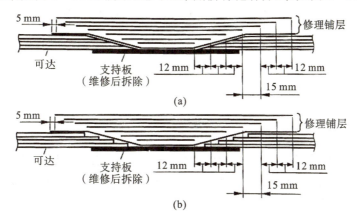

图 5-31 穿透性损伤预浸料挖补修理不同形式

与湿铺层挖补修理一样,预浸料热固化修理方法也需要在层合板的另一侧附加两层铺层,以加强修理强度,如图 5-32 所示。

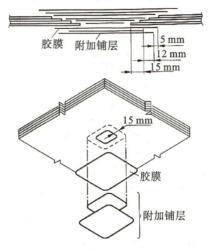

图 5-32　穿透性损伤预浸料挖补修理另一面附加铺层示意图(两面可接近)

任务 15　复合材料层合板结构件的其他修理方法

任务描述

复合材料结构修理方法除了铺层修理法以外,还有注胶修理、填胶修理、胶接连接修理和机械连接修理等方法。对于小面积分层或脱胶可采用注胶修理。对于层合板表面的浅表性损伤如划痕、擦伤、刮伤和边缘损伤,复合材料紧固件变形拉长等可采用填胶修理;对于层合结构和夹层结构面板,机械连接修理外场应用方便。对于层合板非穿透性损伤,可用粘贴预固化复合材料补片的方法进行修理。对于穿透性层合板,如果是对表面气动性要求不高的位置可以采用预固化片胶接方法进行修理。

知识链接

15.1　注胶修理

注胶修理是指对层合板结构和夹芯结构的小面积的内部分层或脱胶损伤,采用注射的方法将流动性和渗透性好的低黏度树脂直接注入分层或脱黏区域,并使之固化黏合的一种修理方法。

根据脱胶和分层形成的原因不同,注胶修理的效果也有所差异。如果脱胶或分层是由于成型时压力不足或胶接表面有包容物引起的,则采用注胶修理一般效果并不理想;而如果脱胶和分层是由于机械损伤引起的,里面不存在包容物,则注胶修理能获得满意的效果。

对于层合板出现的小面积的分层损伤,通常在分层损伤边缘至少钻两个小孔,分别作为注胶孔和出胶孔。这些孔要通到分层损伤处,如图 5-33 所示。如果这些孔没有通到损伤层,树脂便不能注入损伤区;孔太深了,则会在原来没有损伤的部位人为地造成新的损伤。这两种情况都达不到预期的修理效果。注胶修理也适用于孔边分层和结构边缘部位的分层、层板的气泡、脱粘等损伤的修理。

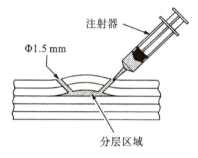

图 5-33 注胶修理

注胶修理的工艺过程:①采用准确的无损检测技术,确定脱胶或分层深度,以及分层区域;②在分层区按一定距离钻若干个树脂注胶孔和出胶孔,其深度恰好到达分层或脱胶层面;③向分层或脱胶区注入树脂,直至从出胶孔溢出树脂;④施加一定压力,加温固化。按照树脂对应的固化温度、压力要求来加温固化。

15.2 填胶修理

填胶修理是将树脂胶或其他填料填充或灌注到损伤区以恢复其结构完整性的一种修理方法,如图 5-34 所示。

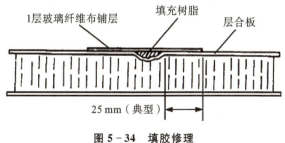

图 5-34 填胶修理

图 5-35 所示为填充灌注修理示意图,先把损伤切除,然后在损伤处填充或者灌注树脂及填料,比如微珠混合物。

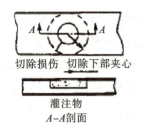

图 5-35 填充灌注修理

填胶修理适用范围:①填胶修理的损伤形式主要表现为表面划痕、凹坑、部分蜂窝芯子损伤、孔尺寸过大等。②在受载较小的蜂窝夹层板上采用填充、灌注修理可以稳定表板和密封损伤区,防止湿气的渗入及损伤的进一步扩大。③对连接孔的损伤,如孔变形或摩擦损伤,可以采用机械加工好的填充块修补。如果发生紧固件孔位置钻错,或者孔尺寸过大,则可以先采用填胶修理法修理,然后重新钻孔。

15.3 胶接连接修理

胶接连接修理是指对一个构件因损坏断裂成两个部分或者原来胶接连接的构件之间出现脱胶损伤,以特定的连接形式,通过胶黏剂,使之连接成一体,恢复其功能的修理方法。

1) 胶接连接形式

在飞机结构上,通常板形构件的胶接连接形式有四种,单搭接、双搭接、斜接和阶梯形搭接,如图 5-36 所示。当被胶接件较薄时,可采用简单的单搭接或双搭接形式;当被胶接件较厚时,存在着较大的偏心力矩,宜采用阶梯搭接或斜接,但是工艺复杂,成本高。

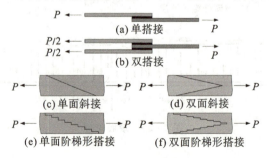

图 5-36 胶接连接的形式

图 5-37 所示为胶接件厚度对连接形式选择的影响,横坐标是被胶接件厚度,纵坐标是胶接连接强度,不同胶接连接形式的连接强度与被胶接件的厚度有较大关系,一般来说,1.5~

2 mm 的薄连接板可采用单搭接,因为此时偏心效应较小;4 mm 左右的中等厚度的板材,建议采用双搭接连接,保证有足够的胶接承载面,也简化了工艺方法,保证了胶接件的质量;板材厚度大于 6 mm 时,通常采用斜面搭接或阶梯搭接的方法满足工艺和质量要求,一方面可以增加胶接的承载面积,另一方面,也可以加强拉应力方向的作用。

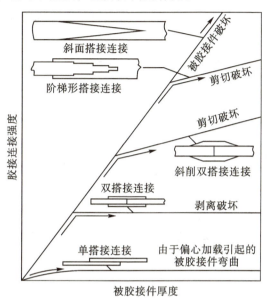

图 5-37 胶接件厚度对连接形式选择的影响

2)胶接接头的基本破坏模式

胶接接头在外载荷(拉伸或压缩)作用下,有以下几种基本破坏模式,如图 5-38 所示。

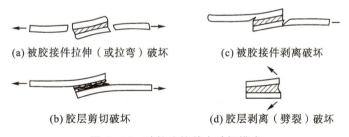

图 5-38 胶接连接基本破坏模式

(1)被胶接件拉伸(或拉弯)破坏。当被胶接件较薄,胶接强度足够时,被胶接件易产生拉伸(或拉弯)破坏。

(2)胶层剪切破坏。当胶接件较厚,但偏心力矩小时,易产生胶层剪切破坏。

(3)剥离破坏。当被胶接件厚度达到一定程度后,搭接长度与板厚之比又不足够大时,在偏心力矩的作用下,由于复合材料层间强度低,将在接头端部发生剥离破坏(双搭接也如此)。对于复合材料结构胶接接头来说,这种破坏不像金属胶接接头那样容易在胶层上产生剥离(劈开)破坏,而是在接头端部易产生层合板分层破坏。

此外,还会发生混合破坏。具体破坏模式与胶黏剂、胶接面处理、胶接连接区几何参数有关。

(3)胶接连接的优缺点。

胶接连接的优点:①无孔引起的应力集中,不需要连接件,结构轻,连接效率高;②抗疲劳性能高,且破损安全性高;③密封、减震绝缘性能好;④可用于不同材质的连接,无电偶腐蚀的隐患;⑤能够获得光滑的气动外形。

胶接连接的缺点:①强度分散性大,较难准确检测,不易控制质量;②抗剥离性能差,不能传递大载荷;③胶黏剂存在老化问题,受环境影响大;④不能拆卸,外场修复比较困难。

15.4 机械连接修理

机械连接修理是指在损伤结构的外部用螺栓或铆钉固定一外部补片,使损伤结构遭到破坏的载荷传递路线得以重新恢复的一种修理方法,如图 5-39 所示。

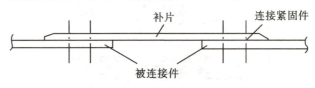

图 5-39 机械连接修理示意图

1)机械连接形式

复合材料结构机械连接形式主要有搭接和对接两类,按受力分单剪和双剪,如图 5-40 所示。

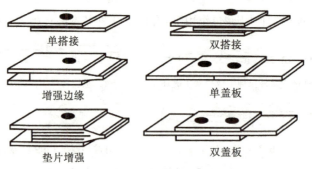

图 5-40 机械连接的形式

搭接和单盖板对接都会产生附加弯矩,双盖板对接能够避免附加弯矩,变厚度连接形式在多排紧固件连接时可以减缓边缘紧固件上的过大载荷。选择机械连接形式需依据载荷的大小与方向、结构的安排与要求等因素来考虑。

2)机械连接的破坏模式

破坏模式有层合板的挤压破坏、拉伸破坏、剪脱破坏、劈裂破坏、拉脱破坏,紧固件的弯曲失效、剪断和拉伸破坏,以及上述某些单一模式的组合型破坏,如图 5-41 所示。

项目5 飞机复合材料层合板结构件的修理

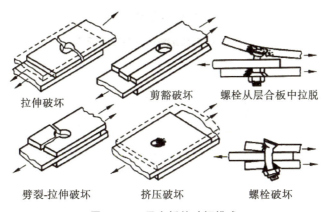

图 5-41 层合板的破坏模式

3) 机械连接的优缺点

机械连接的优点：①便于质量检测，连接可靠；②能够传递大载荷，抗剥离性能高；③允许拆卸后再次安装；④受环境影响较小；⑤没有胶接固化时产生的残余应力；⑥装配前构件表面无须进行专门的清洁处理。

机械连接的缺点：①制孔处纤维被切断，导致应力集中，降低连接效率；②孔附近可能需要补强加厚，需增加质量控制环节；③采用钢和铝制的紧固件时，有电偶腐蚀的隐患；④抗疲劳性能差。

4) 机械连接修理适用范围

机械连接修理适用于被修理件较厚且对气动外形要求不高的结构件及外场快速修理的场合。根据连接紧固件的种类，机械连接修理可分为螺接修理和铆接修理。复合材料结构机械连接修理应优先采用螺接，尽量避免铆接。

对于机械连接修理，在修理前必须对以下几个方面的问题加以充分的考虑：①补片材料、厚度、形状；②紧固件材料、种类；③紧固件位置排列；④正确的制孔工艺；⑤制孔对原结构造成的影响；⑥紧固件装配与密封问题。

5) 补片材料

补片材料可以是金属板或者复合材料板。金属板大多为钛合金板、不锈钢板和铝合金板。需要注意的是，当铝合金板与碳复合材料连接在一起时，需做电偶腐蚀防护措施，通常采用在两者之间铺玻璃纤维布或涂一层密封剂防腐使它们隔开。复合材料板都是预固化的纤维复合材料板。

任务实施

1. 表面允许损伤的处理

对于层合板表面的浅表性损伤如划痕、擦伤、刮伤和边缘缺损等，通常损伤不超过一个铺层的厚度，可用室温固化胶糊填平，进行修饰性永久修理，如图 5-42 所示。

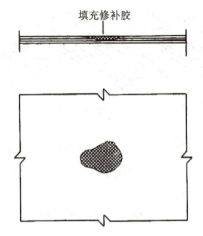

图 5-42　表面损伤室温固化的永久性修理

具体修理流程：①准备修理区域。去除修理区域表面保护层，先用 280 目砂纸打磨，再用 400 目砂纸打磨，用清洁剂清洁修理区域，用浸有清水的清洁布清洁表面（注意不要将水倒在上面），用另一块干布擦干，用保护带保护修理区域，进行水破裂试验，干燥修理区域；②准备填充树脂，并填充损伤区域，可在表面铺上一层分离膜；③室温固化，为了加速固化可用加热灯或电热毯加热，但不需真空加压；④除去分离膜，先用 280 目砂纸打磨，使修理区域与部件外形一致，再用 400 目砂纸抛光；⑤用溶剂清洁表面，恢复表面保护层。

2. 胶黏剂填平附加补强层修理

对于凹痕、擦伤或刮伤等表面损伤，如果损伤不超过三个铺层，除用胶黏剂填平外，还需铺贴附加补强层进行加强，如图 5-43 所示。

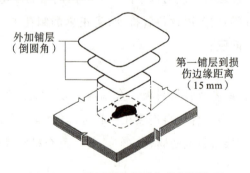

图 5-43　胶黏剂填平附加补强层修理

具体修理流程：①准备修理区域；②进行水破裂试验；③准备干燥修理区；④按规范配制胶黏剂糊；⑤用胶糊填平缺损区，为防止胶糊流溢，可盖上一层隔离膜；⑥让胶糊在室温下固化，或待其凝胶后加热固化，无须用真空加压；⑦固化后揭去隔离膜，用砂纸打磨出原有的型面，先用 180 目砂纸，最后用 360 目砂纸打磨；⑧按具体规范配制层压树脂；⑨准备湿铺层；⑩铺放湿补强层;⑪铺设真空袋,如要加热,还要安装加热设备红外灯、电热毯或热风枪及控温设备;⑫真空压力下固化;⑬拆除加热设备和真空袋;⑭检查修理质量,应符合相关文件的要求;⑭恢复表面漆层。

3. 胶接预固化补片的修理

对于非穿透性损伤,可用粘贴预固化复合材料补片的方法进行修理,如图5-44所示。具体修理流程如下:①准备修理区域;②准备清洁修理区;③进行水破裂试验;④准备干燥修理区;⑤按具体规范配制胶黏剂糊;⑥用胶糊填平缺损区;⑦准备预固化补片;⑧粘贴预固化补片;⑨拆除加热设备和真空袋;⑩检查修理质量,应符合相关文件的要求;⑪恢复表面漆层。

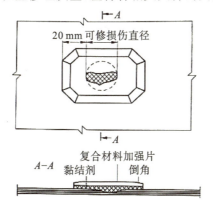

图5-44 预固化复合材料补强片胶接修理

对于穿透性层合板,如果是对表面气动性要求不高的位置,也可以采用预固化片胶接方法进行修理,如图5-45所示。具体修理流程:①准备修理区域;②准备复合材料加强片;③准备黏结剂;④安装和固化复合材料加强片;⑤检查修理区域;⑥先用280目砂纸,再用400目砂纸去除修理边界的多余树脂;⑦用清洁剂清洁修理区域;⑧如果需要,恢复表面保护层。

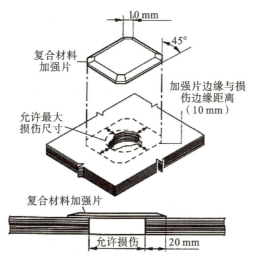

图5-45 穿透性层合板预固化片修理

4. 复合材料层合板内部分层损伤的临时性修理

复合材料表层没有破损,但是检查发现层合板内部出现分层,或蜂窝芯和表层铺层间分层,可以用注胶修理方法。例如,发动机进气道的消音板、舱内地板等都适用于这种修理方法。

针对如图 5-46 所示的蜂窝结构面板层间的脱胶,可按如下步骤进行修理:①用溶剂清洁表面;②确定分层损伤区域,并标出注射孔的位置;③使用直径为 1.58 mm(0.062 in)的钻头慢慢钻出两个孔,这两个孔要达到分层损伤处,但不能钻透下层铺层;④把混合好的树脂胶用注射器从其中一个小孔注入分层损伤处,直到空气从另一小孔跑出,并有树脂胶也随之流出为止;⑤从构件表面清除多余的树脂;⑥按制造厂家的规定进行加压固化。

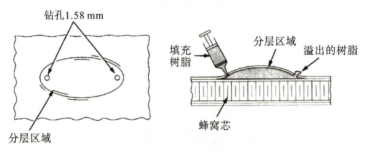

图 5-46 蜂窝结构面板层间分层

应该指出,用注胶修理分层损伤会增加重量。如果损伤构件是主操纵面,通常,制造厂家不允许采用这种修理方法。另外,通过注入树脂胶进行的修理,不能恢复构件原强度,而且会变脆,在飞行中有时还会引起进一步的分层损伤。所以,上述修理方法仅为一种临时性修理的方法。

5. 复合材料壁板边缘轻度分层损伤的修理

复合材料壁板边缘出现分层现象后,首先采用目视和无损检测方法确定壁板边界分层损伤的严重程度。当分层损伤宽度小于或等于 12.5 mm,并且到蜂窝夹芯的距离大于 12.5 mm 时,可以采用如图 5-47 所示的修理方法。

具体修理流下:①清除分层内的污物和水分,确保分层内干燥、无污物;②向边缘分层内注入树脂混合剂;③采用酚醛或金属夹具将分层边缘处夹紧,并清除多余的树脂;④按相应机型结构修理手册中规定的固化温度和时间进行固化。此种方法不需要真空加压,只要在固化前保持必要的夹紧力就可以;⑤检查修理质量。

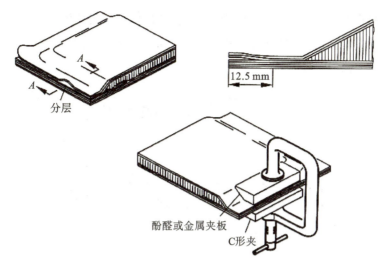

图 5-47 壁板边缘轻度分层损伤的修理

6. 蜂窝壁板面板边缘铺层损伤的修理

对于蜂窝夹芯结构仅面板边缘损伤，未伤及蜂窝夹芯的情况，可按图 5-48 进行修理。

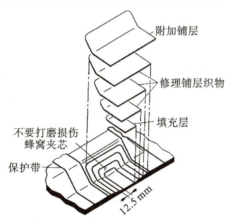

图 5-48 蜂窝壁板面板边缘损伤修理

具体修理流程：①确定损伤区域，用保护带将损伤区域围起来，去除损伤；②干燥修理区域，确保修理区域彻底干燥、无污染物；③准备修理区域，斜坡打磨，清洁打磨区域；④制备并铺放修理铺层；⑤安装真空袋，检查真空袋是否漏气，加压、加温固化；⑥检测修理区域，打磨修整；⑦如果有紧固件孔被修理填实，重新钻孔。

7. 复合材料紧固件孔损伤的修理

对于层合板或蜂窝夹芯结构复合材料面板紧固件孔的损伤，且紧固件孔面积最大不超过该面板的 50% 的情况，紧固件孔的损伤尺寸应低于原紧固件孔的 1.5 倍，采用如图 5-49 所示的修理方式。具体修理流程如下：①确定损伤程度和范围；②干燥和去除污染物；③清洁修理区域;④准备修理织物并铺放修理铺层,填充到紧固件孔的修理铺层按填充锥形孔的要求,各层有规定的伸出量;⑤安装真空袋,检查是否漏气、加压、加温固化;⑥检查修理区域,修整修理区域,重修钻孔,恢复表面涂层。

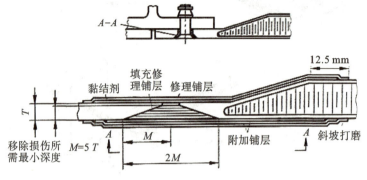

图 5-49　复合材料紧固件孔损伤修理

8. 紧固件孔树脂和短切纤维的填充修理方法

对于紧固件孔和配合结构不配合的情况,可采用如图 5-50 所示的树脂和短切纤维填充修理方法。

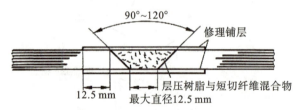

图 5-50　紧固件孔树脂和短切纤维的填充修理方法

具体修理流程:①确定损伤区域;②去除污染物并干燥,彻底除去水分;③清洁修理表面;④制备层压树脂和短切纤维(用碳纤维修理碳纤维结构,用玻璃纤维修理玻璃纤维结构);⑤平齐或稍微高于表面进行填充修理;⑥固化,可不需真空;⑦用 150 号或更细的砂纸打磨表面,使其与表面平齐或高 $250\ \mu m$,打磨时最好用 $250\ \mu m$ 厚的铝模板保护打磨区域;⑧清洁修理区域;⑨在上下面制备和铺放修理铺层织物;⑩真空袋封装、固化;⑪如果紧固件孔被堵塞,重修钻孔;⑫检查修理质量,修整表面。

9. 紧固件连接修理

紧固件连接修理如图 5-51 所示。修理材料主要有补强板、密封剂和紧固件。

具体修理流程:①确定修理区域并进行表面处理;②制备补强片;③按具体规范配制密封剂;④在修理区表面和补强片胶接表面上均匀涂抹一层密封剂,将补强片置于修理区,并用紧固件固定,擦去多余的密封剂,在室温下固化;⑤用溶剂清洁修理区;⑥恢复结构表面。

项目5　飞机复合材料层合板结构件的修理

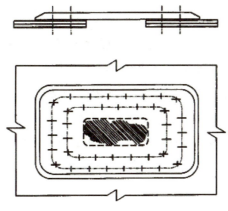

图5-51　紧固件连接修理

10. 蜂窝夹芯结构中面板分层损伤的抽钉铆接修理

蜂窝夹芯结构的面板中发生分层损伤时,可采用抽钉铆接修理,如图5-52所示。注意,在复合材料上钻孔或者打埋头孔时,应使用硬质合金钻头。

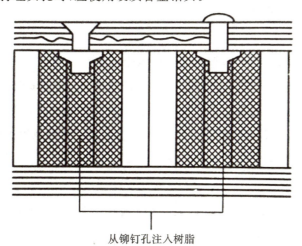

图5-52　蜂窝夹芯结构面板分层损伤的抽钉铆接修理

具体修理流程:①检查损伤区域,确定损伤程度;②确保结构的厚度足够大,以容纳铆钉;③先确定铆钉孔的位置,然后钻孔,再去毛刺;④如果需要,打出埋头孔;⑤干燥结构;⑥准备树脂或胶黏剂(一般为室温固化类);⑦将树脂或胶黏剂注入铆钉孔;⑧装上涂有密封胶的铆钉;⑨按材料的标准固化树脂或胶黏剂;⑩如果需要,恢复表面涂层。

项目拓展

近些年来,工程上广泛采用了多种适用于外场的复合材料快速修理方法,主要有微波修复方法、电子束固化修理方法、光固化修理方法和激光自动修理方法。

1. 微波修复

采用微波对复合材料进行修复能够迅速恢复结构强度,是一种理想的外场修理方法。补片修理损伤或缺陷结构时,微波能加速固化过程,起主导作用的是微波的制热效应,常用树脂等高分子材料,胶黏剂多为含极性基团的聚合物,这些极性分子在交变电场的作用下将随外施电场的频率转动,从而制热。为了使制热效应在复合材料中产生,在修复区注入微波吸收剂,以提高材料的导电磁率,或采用能高效吸收微波的高速固化胶黏剂,同时用特殊设计的微波施加器对修复区施加微波能,使之在数十秒之内形成新的、更强的界面,修复损伤。

2. 电子束固化修理

电子束固化修理具有固化速度快、温度低、模具成本低的优势。电子束固化基体树脂、结构胶黏剂或预浸料可在室温或接近室温及接触压力下固化,电子束可以被限制在修理区域,大大减小固化应力、热应力和局部加热对周围区域的影响。电子束固化机理是采用高能量电子束碰撞目标分子,释放足够的能量使其产生一系列活泼的粒子,临近的分子激发活泼粒子释放能量,形成化学键,达到固化修理的目的。

3. 光固化修理

光固化预浸料胶结修理技术是利用光敏胶固化速度快的特点,将预浸料补片贴到损伤部位,利用紫外光照射固化,对裂纹、孔洞、腐蚀、灼伤等损伤进行快速修复。修复的补片可预先制备,操作简单、从实施修理到装备投入使用的时间短,修理补片在固化前呈柔性,粘贴可根据需要任意改变形状,适用于各种复杂形状的机件修理,修理后补片与原结构贴合较好,具有恢复原有结构形状和保持气动外形的能力。修理需要操作空间小,适用于空间狭窄的内部损伤修理。

4. 激光自动化修理

近年来,国际上也出现了自动修复复合材料的新技术,如采用激光技术自动修复复合材料结构。使用激光清除损坏的材料,用激光将每层复合材料的树脂融化,剩下松动的纤维用刷子刷掉,处理下一层,而损伤区外的纤维和树脂完好无损。该技术对复合材料结构不会产生力量或振动,对整体强度或完整性没有不利影响。损坏区域很干净,使用现场就可用固化的加热毡作为替换的补丁来修补。

巩固练习

1. 何为铺层修理?简述铺层修理的工艺流程。
2. 去除复合材料损伤的方法有哪些?操作时个人安全方面要注意什么?
3. 若修理区域的水分没有很好地去除,会对修理有哪些不利影响?
4. 复合材料结构表面除漆的方法有哪些?
5. 如何正确地清洁修理区域?

6. 湿铺层修理的步骤有哪些？简述湿铺层修理的优缺点。
7. 预浸料修理的步骤有哪些？简述预浸料修理的优缺点。
8. 为什么要对零件进行封装？封装要用到哪些材料和设备？
9. 何为注胶修理？简述注胶修理的工艺过程。
10. 何为填胶修理？简述填胶修理的适用范围。
11. 何为胶接连接修理？板形构件的胶接连接形式有哪几种？
12. 胶接接头有哪几种基本破坏模式？简述各种基本破坏模式发生的条件。
13. 何为机械连接修理？对材料进行机械连接修理前，通常要考虑哪几个方面的问题？
14. 表面出现划痕如何修理？
15. 复合材料壁板边缘出现轻度分层损伤如何修理？

项目 6　飞机复合材料蜂窝夹芯结构的修理

项目目标

知识目标：(1) 熟悉复合材料蜂窝夹芯结构损伤类型与损伤评估。
　　　　　　(2) 掌握蜂窝夹芯结构非穿透性损伤和穿透性损伤的修理方法。
能力目标：能够进行复合材料蜂窝夹芯结构的损伤评估，并采用适当的修理方法修理。
素质目标：(1) 使学生严格遵守岗位操作规定，养成良好的行为习惯，形成良好的职业道德素养。
　　　　　　(2) 培养学生严谨、细致的科学观和精益求精的工匠精神，提高学生分析问题、解决问题的能力。

项目引入

　　飞机复合材料结构件大多采用蜂窝夹芯结构，如雷达罩、客舱地板和各类装饰面板、整流罩、操纵舵面和梁腹板等。图 6-1 所示为某飞机机腹整流壁板，其为玻璃布蒙皮加 Nomex 蜂窝的夹层结构，机腹整流壁板在飞行期间被机油污染，出现严重的分层现象，因此需按结构修理手册（SRM）进行修理并改装，以防水或溶液进入蜂窝内引起更大的损伤。

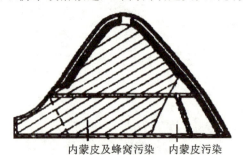

内蒙皮及蜂窝污染　　内蒙皮污染
图 6-1　机腹整流壁板损伤示意图

　　图 6-2 所示为空客系列飞机使用的雷达罩的示意图，雷达罩结构的大部分是蜂窝夹芯结构，8 根金属导电条对称分布于雷达罩的表面，整个雷达罩的表面喷涂防静电漆，导电条与防静电漆相接触。雷达罩必须做到在大气、雨、雪、冰雹、闪电、鸟击的环境下保护气象雷达，阻挡这些物体的直接撞击。除了结构必须坚实、可靠外，还要求雷达罩符合透波率和电阻的要求；对于

雷达罩的修理,应考虑三方面的要求:气动外形的要求,结构强度的要求,电性能的要求。在进行实际修理之前,必须查阅相关机型的结构修理手册并按照其规定的工艺实施修理。否则,所进行的修理将是未经许可的。

图6-2 雷达罩内部结构示意图

任务16　复合材料蜂窝夹芯结构损伤类型与损伤评估

任务描述

蜂窝夹芯结构在使用过程中,由于交变载荷、外来物撞击、雷击,以及环境等因素的作用或影响,会产生各种损伤。对蜂窝夹芯结构件损伤的情况进行评估是非常重要的,它是制订修理方案的首要环节。

知识链接

16.1　复合材料蜂窝夹芯结构常见的损伤

1.复合材料蜂窝夹芯结构常见的损伤类型

1)磨损、擦伤和刻痕

这类损伤容易出现在结构件的蒙皮面板上。程度轻的只损伤表面保护层,严重的可扩展到蒙皮的纤维结构,如图6-3所示。

2)凹坑

凹坑损伤如图6-4所示,造成凹坑损伤的原因有以下3种:

图 6-3　擦伤损伤

图 6-4　凹坑损伤

（1）如果蜂窝的压缩强度不够，当结构件受到过大的压缩载荷时，蒙皮和蜂窝会同时发生凹陷，形成凹坑，如图 6-5 所示。

（2）如果结构件受到过大的弯矩作用时，会使蜂窝夹芯结构件受到压缩损伤，如图 6-6 所示。

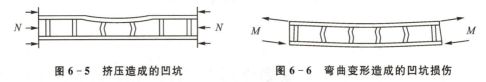

图 6-5　挤压造成的凹坑　　　　　图 6-6　弯曲变形造成的凹坑损伤

（3）外来物的碰撞。例如，维护工具跌落、飞机在飞行中发生鸟击等都会产生凹坑损伤，如图 6-7 所示。

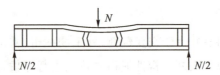

图 6-7　外来物碰撞造成的凹坑损伤

3）面板分层

当蜂窝夹芯结构件受到外部钝器冲击会引起面板蒙皮的纤维铺层分离破坏。蜂窝夹层结构承受的温度过高也是产生分层的重要原因之一。

4）裂纹

当蒙皮承受过大的交变载荷时，蒙皮依然会出现裂纹，其形状通常是不规则的。裂纹是蜂窝夹芯结构件内部出现积水的根本原因。

5）脱胶

当蜂窝夹芯结构件长期处于声振、高温甚至潮湿环境中，会导致蒙皮与蜂窝之间的黏结面脱胶。另外，不合理的修理方案、胶黏剂的自然老化也会导致脱胶。

6）穿孔性损伤

穿孔性损伤有些只影响一侧蒙皮与蜂窝产生损伤，当损伤扩展到另一侧蒙皮后就形成彻底的穿孔。孔的周围必然伴随着分层或者脱胶。穿孔性损伤会引起蜂窝夹芯结构件内部积水。

7) 侵蚀

液压油等液体会侵蚀复合材料,尤其是侵蚀蜂窝夹芯结构,会导致整体结构强度的降低。

8) 热损伤

雷击、修理固化温度超标和错误的操作,会使结构件的局部产生热损伤,并导致强度降低。复合材料结构承受的温度过高是产生分层、脱胶的重要原因之一。结构的表面保护层出现变色往往预示着该部位有温度过热导致的损伤。

2. 飞机复合材料结构损伤程度分类

1) 按损伤形成的原因分类

(1) 冲击损伤。冲击损伤是指由外来物体对复合材料结构的冲击或碰撞而引起的损伤。例如,冲击引起的损伤有分层、脱胶、凹坑和穿孔等。据统计,由外来物冲击产生的损伤是复合材料构件的主要损伤之一。常见的外来物有掉落的工具、地面设备、跑道上的沙石、空中的飞鸟、冰雹等。对冲击损伤要特别注意,因为有的冲击损伤采用目视检查,其表面损伤情况并不严重,但是其内部损伤却很严重。

(2) 雷击损伤。雷击损伤是复合材料结构件遭受雷击而产生的烧伤、烧蚀损伤。

(3) 疲劳损伤。疲劳损伤是复合材料构件在交变载荷的作用下,随着交变载荷循环次数的增加而产生的基体树脂裂纹、分层、脱胶,纤维断裂等损伤。

2) 按损伤程度分类

按照飞机复合材料结构损伤的严重程度,可将其分为可允许损伤、可修理损伤和不可修理损伤三种。

(1) 可允许损伤是指不影响结构性能或完整性的轻微损伤,界定结构件可允许损伤的范围和标准(例如,具体的尺寸和条件等)应由相应机型的结构修理手册中给出。对可允许损伤,应根据具体情况确定是否修理。如果可允许损伤有扩展的可能性,结构的剩余强度可能下降并引起设计寿命的下降,应当在要求的时限内完成修复。通常对可允许损伤做简单的修理,以防损伤进一步扩展。

(2) 可修理损伤是指损伤的严重程度超过了许可损伤的范围,致使结构的强度、刚度等性能下降而加强的损伤。

(3) 不可修理损伤是指超出可修理范围的损伤,在这种情况下,复合材料结构只能进行更换。

16.2 飞机复合材料结构损伤评估

飞机复合材料构件的损伤评估是维修过程中的一个重要环节。如果飞机复合材料结构检测出了损伤,就需要对其损伤进行评估,并据此选择修理方法、制订修理方案。

1. 损伤评估的内容

损伤评估主要从结构(件)的重要程度、损伤的位置、损伤类型、损伤程度等方面综合考虑。结构(件)的重要程度可由其重要性确定,飞机复合材料结构件按其重要性可分为关键部件、主要部件和次要部件。受损失效会导致飞机发生危险甚至失事的部件为关键部件;主要部件受损失效则会严重影响飞行正常操纵;次要部件则是指自身受损失效对飞机正常工作不产生干扰也不会发生人机安全问题的部件。修理关键部件时,应十分小心谨慎,严格按照结构修理手册和工卡实施修理工作。损伤的程度包括损伤面积的大小、深浅和数量。采用相应的检测方法对复合材料部件的损伤区域实施彻底检测,可以确定损伤的程度。

2. 最小检测区域原则

检测蜂窝夹芯结构面板上的损伤时,要在以可见损伤的最长轴单边至少扩大100 mm的圆形区域进行检测,该检测区域称为最小检测区域,以查出可能的分层与脱胶损伤,如图6-8所示。检测结构损伤时必须遵循最小检测区域原则,损伤类型根据产生原因和检测结果界定。

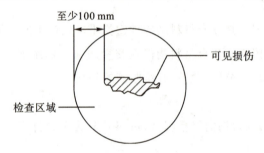

图6-8 最小检查区域

3. 相邻损伤处理原则

一个复合材料结构件有时会出现几个相同或者不同性质的损伤。对相邻的损伤可按下面的原则来处理。

(1) 如果两个及两个以上损伤靠得很近,则将它们视为一个整体损伤。具体的 X 值在结构修理手册相关章节中给出,如图6-9所示。

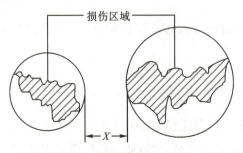

图6-9 损伤之间的距离

(2)结构件按照重要性的不同可以分成不同的结构区域。如果损伤分属不同的结构区域,但按一个损伤考虑,则应按要求较高的结构区域规定的方法进行修理。

(3)两个相邻修理区域的铺层不能重叠,如没有特别注明,务必满足间隙大于或等于5 mm。

任务实施

实际工作中遇到的情况往往是一个蜂窝夹芯结构件出现了几个相同或者不同性质的损伤。选择合适的检查方法确定损伤,然后对整个结构件的损伤情况进行评估。损伤评估通常需要综合考虑以下五个因素:①部件的类型;②损伤的数量;③损伤的位置;④损伤的面积;⑤损伤的程度。

对于蜂窝夹芯结构件,当两个损伤之间的距离 X 小于或等于较小损伤的最大直径,需要把两个损伤视为一个整体的损伤;当 X 大于较小损伤的最大直径且小于或等于 300 mm 时,两个损伤独立修理;当 X 大于 300 mm 时,两个损伤独立修理,两个相邻修理区域的铺层不能重叠。

一般来说,损伤类型与蜂窝夹芯结构件所处的区域有很大的关系。蜂窝夹芯结构件所处的区域不同,使用环境就不同,容易产生损伤的类型也不同,在维修时可以有针对性地检查。例如,像雷达罩处于机身的最前端,最容易受鸟击、雷击和雨蚀的影响;内侧襟翼导轨整流罩靠近主轮和地面,容易受异物的撞击;客舱、货舱的地板、侧板和顶板最容易受行李、货物的撞击,最容易发生穿孔性损伤。起落架舱门因为经常受各种油污的影响,最容易发生侵蚀损伤。大翼受交变载荷最大,扰流板经常发生脱层、裂纹损伤。

任务 17 复合材料蜂窝夹芯结构单面板的损伤修理

任务描述

复合材料蜂窝夹芯结构单面板损伤主要有表面压痕或凹坑、蜂窝面板蒙皮小损伤等,其基本修理流程与层合板结构修理相似。

知识链接

17.1 飞机复合材料结构修理的准则

飞机复合材料结构修理有着与飞机金属结构修理相同的总体修理准则。其具体要求如下:
(1)满足结构强度、稳定性要求,即恢复结构的承载能力,压剪载荷下不失稳。

(2) 满足结构刚度要求,包括挠度变形、气弹特性和载荷分布,以及传载路线等诸方面的要求。

(3) 满足耐久性要求,包括疲劳、腐蚀、环境影响等诸方面的要求。

(4) 满足气动力光滑性要求,即飞机气动外形变化要小,要保证原结构表面的光滑完整。

(5) 要恢复原结构的使用功能,满足包括透波率、雷击防护等要求。

(6) 修理增重要小,并注意操纵面等动部件满足质量平衡要求。

(7) 修理所用的时间要少。

(8) 修理费用成本要低。

这些准则与要求是飞机修理工程技术人员在制订修理方案和实施修理时必须遵循的原则。飞机结构修理手册中给出的复合材料结构修理典型修理方案满足上述准则。

17.2　飞机复合材料结构修理材料选用准则

(1) 结构上原来用什么材料,原则上只能用该材料进行修理,即碳纤维复合材料结构只能用碳纤维复合材料进行修理;玻璃纤维复合材料结构只能用玻璃纤维复合材料进行修理;芳纶复合材料结构原则上要用芳纶复合材料进行修理,但是也可用玻璃纤维复合材料进行修理。

(2) 修理材料必须与固化温度相适应。在复合材料结构修理中。修理材料应与固化温度相适应。例如,350 ℉(176.67 ℃)固化的修理材料,不得用在 250 ℉(121.11 ℃)固化修理上;同样 250 ℉(121.11 ℃)固化的材料也不能用在 350 ℉(176.67 ℃)固化修理上。另外,在复合材料结构修理中,应采用与固化温度相适应的密封剂。

(3) 当无法获得原结构用材料而不得不选用其他材料替代时,必须按飞机结构修理手册的规定选用替代材料。

(4) 可选择与原结构用增强材料和树脂基体属同一类型的,且性能和工艺也处于同一水平的,甚至工艺上更简便的材料进行修理,但修理前须得到部件原设计部门的批准。

(5) 在修理碳纤维复合材料结构时,其紧固件必须采用钛合金或不锈钢等,而绝对不能采用铝合金或合金钢紧固件,以防产生电化学腐蚀。此外,当在碳纤维复合材料结构上安装铝合金接头时,要确保在接触面上采取原有的防腐措施。

17.3　遵照飞机修理手册,实施复合材料结构修理

在飞机复合材料结构修理中,必须遵照飞机修理手册规定的工艺规程实施修理。这是复合材料结构修理最主要的准则。遵守这个准则实际上也遵守了上述的两个准则。飞机修理手册主要包括飞机结构修理手册(SRM)、飞机维护手册(AMM)和部件维修手册(CMM)等。这些飞机修理手册提供了经批准的修理方法、修理限制、修理材料规范、牌号等。例如,波音和空客系列的飞机在结构修理手册 51 章里介绍了复合材料结构修理的工艺规程,提供了经批准的典型修理方案。

项目6　飞机复合材料蜂窝夹芯结构的修理

遵照飞机修理手册,实施复合材料结构修理是保证修理质量的前提。飞机复合材料结构修理工程技术人员在对损伤的复合材料结构修理之前,应根据损伤部位、损伤部件及损伤程度,按照相应章节的典型修理方案作出相应的修理方案。

17.4　复合材料层合板结构件的铺层修理

参照本书项目5飞机复合材料层合板结构件的修理方法。

任务实施

1. 蜂窝夹芯结构表面压痕或凹坑的修理

对蜂窝夹层结构中表面压痕或凹坑一般采用室温固化的方法进行修理,如图6-10所示。具体修理流程:①检查损伤区、确定损坏的程度;②清洗修理区域;③用胶带将修理区域标识出来;④用80目和150目砂纸分次将胶带围起来的区域内的漆层打磨掉,注意不要打磨下层纤维;⑤准备树脂或胶黏剂;⑥在损伤区域涂上树脂或胶黏剂,再铺放一层剥离布;⑦按材料的要求,使树脂或胶黏剂固化;⑧除去隔离布,用150目砂纸打磨,使修理区域与部件外形一致,然后用更细的砂纸轻度打磨;⑨如果需要,恢复表面涂层。

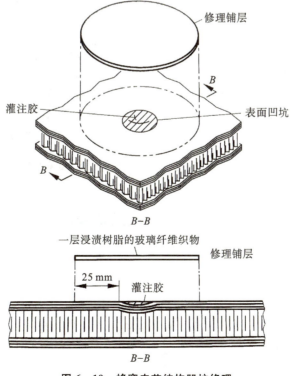

图6-10　蜂窝夹芯结构凹坑修理

2. 蜂窝夹芯单面板损伤湿铺层修理

对于蜂窝夹芯结构只有一个面板损伤,但对于蜂窝夹芯未损伤的情况,可采用湿铺层修理方式,如图6-11所示。其基本修理流程与层合板结构修理相似,具体修理流程:①确定损伤程度与范围;②去除损伤铺层,注意不要伤及下面的蜂窝结构,彻底干燥,以去除水分和污染物;③斜坡打磨修理区,并清洁打磨区域;④准备和铺放修理铺层;⑤真空袋封装,按要求进行固化;⑥检测修理质量,打磨修整修理区域;⑦如果需要,恢复表面保护层。

3. 蜂窝夹芯单面板损伤预浸料修理

对于蜂窝夹芯结构只有一个面板损伤,但蜂窝夹芯未损伤的情况,可采用预浸料修理方式,如图6-12所示,步骤如下:①确定损伤程度与范围;②去除损伤铺层,注意不要伤及下面的蜂窝结构,彻底干燥,以去除水分和污染物;③斜坡打磨修理区,并清洁打磨区域;④准备和铺放胶膜及修理铺层;⑤真空袋封装,按要求进行固化;⑥检测修理质量,打磨修整修理区域;⑦如果需要,恢复表面保护层。

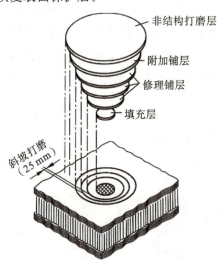

图6-11 蜂窝夹芯单面板损伤湿铺层修理

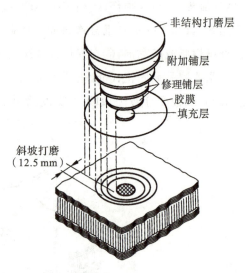

图6-12 蜂窝夹芯单面板损伤预浸料修理

● 任务18 复合材料蜂窝夹芯结构非穿透损伤的修理

任务描述

复合材料蜂窝夹芯结构非穿透损伤是指一面蒙皮和芯体的损伤,修补时,需要更换损伤的面板并去掉已损伤的芯体。

知识链接

18.1 复合材料蜂窝夹芯结构的修理准则

对于常见的损伤,相关机型的结构修理手册给出了具体的检测、评估和修理方法。但是在实际工作中也会出现结构修理手册没有说明的损伤。对于这些损伤,通常有两种做法:一是在具有足够的实践经验的前提下,由修理单位工程师制订修理方案再报生产厂家批准并经适航当局批准方可实施。二是报生产厂家由他们出具修理方案经适航当局批准方可实施。

蜂窝夹芯结构修理时,修理人员除应该遵循修理准则外,还要遵循下列具体的修理原则与要求。

(1)清除损伤的形状尽量采用圆形。因此,更换蜂窝时也要制作形状是圆形的蜂窝芯塞,铺层的补片也是采用圆形补片。

(2)蜂窝芯塞的方向必须与原蜂窝夹心结构的方向一致。

(3)对蜂窝夹芯结构件的侧面一定要用泡沫填充剂密封。修理区域的周边应用密封剂密封,防止水和化学溶剂渗入。

(4)对带配重的舵面的蜂窝夹芯结构部分,修理后应检查重量平衡的情况。

(5)蜂窝夹芯结构件承受集中载荷的能力很弱,不能直接使用紧固件。

18.2 复合材料蜂窝夹芯结构的修理流程

复合材料蜂窝夹芯结构件发现损伤以后,首先要借助合适的检测方法确定损伤的种类、面积和程度,对损伤做出准确的评估。然后查阅相关机型的结构修理手册获得详细的修理步骤,严格按照结构修理手册和工卡实施修理工作。复合材料蜂窝夹芯结构修理的流程如图 6-13 所示。

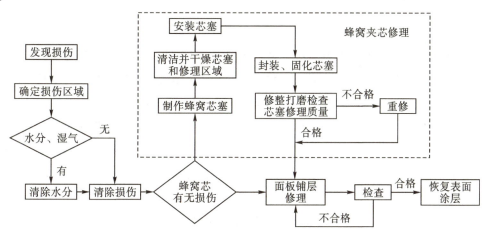

图 6-13 复合材料蜂窝夹芯结构修理的流程图

18.3　复合材料蜂窝夹芯结构的修理方法

一旦蜂窝夹芯结构出现可视损伤,就必须进行修理,以防止水、溶液进入蜂窝内引起更大的损伤。复合材料蜂窝夹芯结构出现损伤,如果仅是面板损伤,则按照上个任务所述的修理方法进行修理即可;如果蜂窝夹芯也出现损伤了,根据是否更换蜂窝夹芯,蜂窝夹芯结构的修理分为镶接修理法和填充修理法。

1. 镶接修理法

镶接修理法是指用蜂窝芯塞替换受损蜂离夹芯的修理方法。根据蜂窝芯塞的安装情况,镶接修理又可外为对合镶接和挤压镶接。

对合镶接修理是将蜂窝芯塞空套放入去除损伤后的切口中的修理。对合镶接修理采用冷修理时,要求蜂窝芯塞的尺寸与去除损伤后的切口尺寸相同,使蜂窝芯塞必须能与周围的原蜂窝相接触。冷修理时蜂窝芯塞的外圆周表面和去除损伤后的切口内圆周面都要涂树脂胶,以使它们黏结固化成一体。当采用热修理时,蜂窝芯塞的外圆周要包裹泡沫胶膜,所以蜂窝芯塞的尺寸通常比切口的尺寸小 0.05 in。工作中遇到蜂窝夹芯结构的损伤可以根据受损情况选择铺层材料和固化温度。通常,采用预浸料热修理的对合镶接修理法广泛应用于蜂窝夹芯结构件的修理,主要适用于蒙皮是曲面或者平面的结构件。修理的过程为先切除受损蜂窝,再安装、固化蜂窝芯塞,最后修理受损的蒙皮。

挤压镶接修理是将蜂窝芯塞挤压进入去除损伤后的切口中的修理。挤压镶接修理法要求蜂窝芯塞的尺寸大于去除损伤后的切口尺寸,蜂窝芯塞应比切口大 1~3 个格子(最大 10 mm)。蜂窝芯塞必须用比原蜂窝密两个等级的蜂窝制作。

镶接修理中,一般要求蜂窝芯塞的高度比原蜂窝高度略高 1 mm,以便在后续工序中打磨蜂窝芯塞使之与原蜂窝高度一致并且平整。镶接修理中要注意蜂窝芯塞的芯条方向要与原蜂窝的方向一致。

2. 填充修理法

填充修理是指采用灌注树脂或者混合物填充到蜂窝夹芯损伤区域的修理方法。一些对强度要求不高,或者没有扩展到蜂窝夹芯损伤的结构,可按照手册规定对其实施填充修理。常用的有混合物填充修理法和胶黏剂注射修理法。填充修理法简单,易于操作,但是容易造成结构的局部应力集,导致整体结构疲劳强度降低。因此,各机型的修理手册,都对损伤的面积有明确规定。

混合物填充修理法是当蒙皮的损伤扩展到蜂窝时,在去除蜂窝的直径小于 25 mm 的条件下,而且蒙皮面板是平面的情况加强片可以采用预固化片进行修理,图 6-14 所示为混合物填充修理法。

胶黏剂注射修理法通常在一些装饰性结构和受载较小的蜂窝夹层结构上使用。当蜂窝夹芯结构蒙皮与蜂窝之间出现直径小于 30 mm 的小范围轻微脱胶,内部蜂窝没有损伤,则可以采取胶黏剂注射修理法,该修理法适用于平面或者曲面的结构件。胶黏剂注射修理法是首先在脱胶发生的区域,用硬质合金钻头钻出足够数量的注射孔,然后把混合好的胶黏剂装入皮下注射器针筒中,注入烘干后的蜂窝中进行加热固化的一种修理方法。图6-15所示为胶黏剂注射修理法。

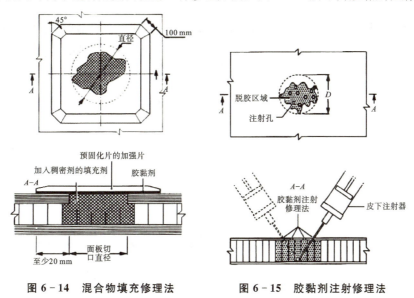

图6-14　混合物填充修理法　　　图6-15　胶黏剂注射修理法

18.4　复合材料蜂窝夹芯结构修理的标准工艺

1. 清除水分

蜂窝夹芯结构和纯层合板结构相比,内部更容易发生积水。在进行修理之前,必须完全去除积水。在进行热修理时,除湿是很重要的。因为在高温下产生的蒸汽压力会导致分层破坏和影响粘接效果。各种清洁剂也要彻底挥发以后才能进行粘接。可以使用各种加热装置来去除内部的水分,例如,电热毯、烤箱和加热灯等。

如果蜂窝夹芯结构内部有积水,最好使用电热毯加热除水。另外,利用烘箱、加热灯(烤灯)和热风枪也能除湿、烘干。几个烤灯同时工作的效果要远好于单个烤灯工作。烘箱适用于加热比较大的或者不好铺设真空袋的结构件。

2. 清除损伤

在需要更换蜂窝的修理中,可采用各种不同的手持工具来切除损伤。对于较大的形状多变的损伤,可以选择特形铣刀、80号和150号的砂轮,以及切割机等。对于形状为圆形的损伤,可以选择不同外径的孔锯。切除损伤时,应尽量使用导向装置。切除损伤蒙皮后要修整边缘,切口形状为带圆角的矩形、圆形或椭圆形。要注意切除损伤时不能损伤完好的纤维铺层、蜂窝和周围材料。

切除损伤时会产生大量粉尘、碎屑,要及时用真空吸尘器清洁。另外只能使用气动马达作为动力源。若使用电动马达,当切除碳纤维/环氧树脂复合材料时,粉尘进入电动马达中会造成短路而损坏电机。

3.打磨

如果选择镶接修理法,在切除损伤后,要在切口以外的蒙皮上打磨、修整铺层区域。

(1)首先用保护带盖住被打磨以外的区域,被遮盖区域的大小与修理铺层数有关。一个受损结构件原始的铺层数和各铺层的方向可查阅相关机型的结构修理手册。一般说来,对于湿铺层的冷修理,相邻轮廓线之间的距离是 12.5 mm 或者 38 mm。对于采用预浸料的热修理来说,距离必须是 12.5 mm。

(2)然后均匀地打磨切口以外的铺层区域。打磨时要满足相邻层轮廓线之间的距离要求。通常来说,对于非气动敏感区域,可以采取台阶打磨法;对于气动敏感区域,采取斜坡打磨法。一定要注意打磨时不要损伤各层的原始纤维,否则会降低结构件的结构强度。

(3)对于外部有保护层的结构件,在铺层区域外面还要有个只去除保护层的区域。使用 150 号或者更细的砂纸打磨,去除漆层和导电层,注意,绝对不能用清洁剂清除漆层。

4.清洁

所有溶液、油污对于修理都是危险的,只能使用许可的清洁剂进行清洗。将少量的清洁剂滴到无纺布上,不能将布伸进清洁剂容器中,以免污染清洁剂,注意,清洁剂 11-003、11-004 对人体是有害的。

5.制作、清洁和安装蜂窝芯塞

1)制作夹芯塞

当开始制作夹芯塞时,首先要查阅相应机型的结构修理手册,确定原蜂窝夹芯的类别、型号和等级,以便制作所需要的新夹芯(夹芯塞)。对于冷修理,当原蜂窝的高度不高时,可以直接使用新的蜂窝制作蜂窝芯塞。当冷修理中的原始蜂窝高度较高时,可将几块蜂窝叠起来制作蜂窝芯塞。

对于对合镶接修理,制作夹芯塞的尺寸与清除损伤后的孔洞尺寸相同,而且夹芯塞应与原蜂窝夹芯齐平,并且安装方向与原蜂窝夹芯方向一致。当采用湿铺层冷修理时,夹芯塞必须能与周围的夹芯格子相接触;当采用热修理时,夹芯塞尺寸通常比孔洞尺寸小 1.27 mm。

对于挤压镶接修理,夹芯塞尺寸应大于孔洞尺寸,(比孔洞大 1~3 个格子,最大 10 mm);夹芯塞必须用比原蜂窝夹芯密 2 个等级的蜂窝夹芯制作。夹芯塞的高度应与清除损伤夹芯的深度相对应,还应考虑到在固化过程中夹芯的收缩和夹芯塞与未损伤夹芯或面板之间附加铺层的厚度。

当制作夹芯塞时,必须使用锐利的切割和修整工具,以确保切割边光滑,没有撕裂、碎屑或弄皱蜂窝。当修理弯度很大的部件时,需要将蜂窝加热成型,不能压瘪蜂窝。

2)清洁夹芯塞

清洁夹芯塞的方法如下:把夹芯塞放入丙酮、甲基异丁基酮(MIBK)或 2-丁酮(MEK)中浸泡 60 s,(最多浸泡 4 次),清除夹芯上的污染物。注意不能将部件浸入三氯乙烷溶剂中,否则将会损伤夹芯材料。对夹芯塞进行蒸气脱脂 4 次,每次 30 s。对于局部的污染区域,可以用 MIBK、MEK 或丙酮溶液冲洗。注意清洁处理后的夹芯必须彻底干燥,无溶剂痕迹时才能安装。

3)安装夹芯塞

图 6-16 所示为冷修理的蜂窝芯塞安装,当采用冷修理时,如果一侧面板没有损伤,用浸渍胶黏剂的纤维织物放在夹芯孔洞中未损伤面板的内侧面上,把含稠密剂的胶黏剂涂在更换的夹芯塞和未损伤夹芯的侧面上,然后按原夹芯方向安装夹芯塞。如果两侧面板均损伤,则在另一侧面板的外表面放置一块均压板,并用条带固定就位。

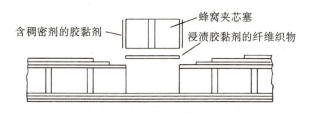

图 6-16 冷修理的蜂窝芯塞安装

当采用热修理时,如果只需更换部分深度的夹芯,则剪下两片规定牌号的胶膜,铺放在孔洞底部没有损伤的夹芯表面,但在两片胶膜之间还要铺一层规定牌号的玻璃纤维预浸料片。需要更换整个深度的夹芯时,若损伤没有扩展到另一侧面板,则剪下一片胶膜放入孔洞内未损伤面板的内侧面上;如果两侧面板均有损伤,则把均压板放在另一侧面板外表面上,并用条带固定就位,按一侧面板损伤的情况处理,然后用规定牌号的泡沫胶薄膜包住更换夹芯塞的侧面,按与原夹芯方向一致的方向安装夹芯塞,图 6-17 所示为对合镶接修理的蜂窝芯塞安装示意图。

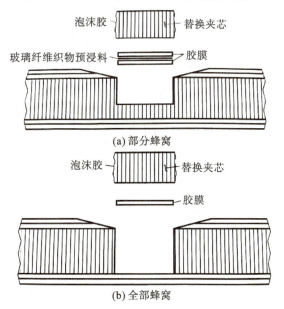

图 6-17 对合镶接修理的蜂窝芯塞安装示意图

注意：当用手拿胶膜和预浸料片时，要戴上清洁的白手套，绝不能用手或身体其他部位的皮肤直接接触它们。绝不能折叠胶膜，也不能拉长它，否则它会变薄。当从冰箱中取出胶膜时，要等到包装纸表面在室温下没有凝结水珠后，才能打开包装纸。

对于挤压镶接修理，用一块与夹芯塞同尺寸的平板把夹芯塞压入孔洞内，注意使夹芯塞方向与原夹芯方向一致，图 6-18 所示为挤压镶接修理的蜂窝芯塞安装示意图。

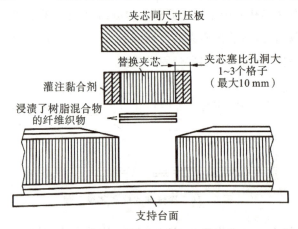

图 6-18　挤压镶接修理的蜂窝芯塞安装示意图

6. 封装

在完成蜂窝芯塞的安装之后，紧接着就要对修理区进行封装，为芯塞固化做准备。采用电热毯加热固化蜂窝芯塞的封装示意图如图 6-19 所示。

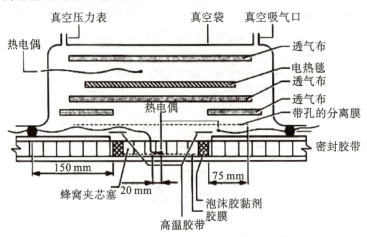

图 6-19　采用电热毯加热固化蜂窝芯塞的封装

封装及其注意事项：

（1）铺放封装材料的顺序：在芯塞修理区域外围均匀放 3 个热电偶，然后依次铺放一层有孔分离膜、一层隔离透气布（吸胶层）、一层无孔分离膜（透气布）、电热毯、热电偶和透气布，在修理区域靠外侧的部位放置抽真空管和真空表的接头座,再在修理区外围铺放一圈封条,最后铺放真空袋薄膜使修理区域密封;对于平整的修理区域,可以在透气布之上、电热毯之下,安放一块均压板。

(2)如果夹芯塞的厚度小于或等于 12.5 mm,则只在外侧铺放加热毯,并至少在修理区域放两个单独的热电偶。如果夹芯塞厚度大于 12.5 mm,并且两面都可以接近,则在两侧均铺放电热毯,并且在外侧沿修理区域放两个单独的热电偶,在内侧修理中心处放一个热电偶;如果夹芯塞厚度大于 12.5 mm,并且只有外侧可以接近时,则在外侧铺放电热毯,并至少将两个热电偶放入孔洞中,使热电偶与孔洞下部的修理材料接触。

(3)铺放的电热毯至少要比修理区域边界大 50 mm。

(4)真空袋薄膜必须与黏封条压紧以保证密封不漏气。

7. 固化芯塞

完成封装后,就要进行固化。固化有室温固化和加温固化两大类。

室温固化芯塞用于不重要的蜂窝夹芯结构的修理。室温固化修理中,为了缩短树脂固化的时间,往往也采用加温的手段来达到目的。通常,室温固化加温不超过 150 ℉(65.56 ℃)。如果是采用真空袋封装的,则需要保持 0.8 bar(80 kPa)的最低压力。按规定的温度加温,升温速率控制在 3 ℃/min。按照胶黏剂的性能、参数进行固化。注意固化时间是从热电偶指示已达到要求的固化温度时开始计算。当固化结束时,要在保持设定压力的条件下,以 3 ℃/min 的速率冷却。当温度降至 50 ℃ 或更低时,解除压力。

飞机结构修理手册推荐的加温固化,有三种温度:200～230 ℉、250 ℉ 和 350 ℉。现以 250 ℉ 热修理为例说明其加温固化程序,如图 6-20 所示。

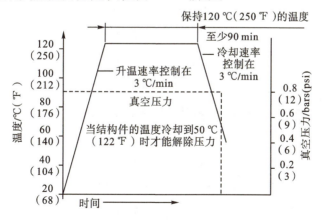

图 6-20 典型的 250 ℉ 热修理固化程序

在完成封装之后,需要将热电偶、电热毯和抽真空设备等与热补仪连接,然后,根据所需的加温温度、温升率、保温时间和降温速率,在热补仪上予以设置,即可实施固化工艺。一个完整的固化程序可以分为升温、保温和降温三个过程。在固化过程中要注意以下几点:

(1)确保遵守修理方案中给出的蜂窝厚度的限制。蜂窝厚度的限制保证有足够的热量能穿透蜂窝芯塞以固化胶黏剂。特别是在结构件只有单侧蒙皮可以接近的情况下。蜂窝厚度的限制对修理质量尤为重要。

(2)如果采用真空袋,应保持 80 kPa(0.8 bar)的最低压力。

(3)将修理区域的温度升高到 250 ℉,升温速率控制在 3 ℃/min。

(4)让结构件在 250 ℉的温度下按照胶黏剂性能、参数规定的时间进行固化。注意固化时间从热电偶指示已达到要求的固化温度时开始计算。

(5)当保温结束时,要在保持设定压力的条件下,以 3 ℃/min 的速率冷却。当温度降至 50 ℃(122 ℉)或更低时,解除压力。

固化过程中,针对不同的时间段对修理质量影响程度的不同,又把固化过程按时间分为四个区,如图 6-21 所示。

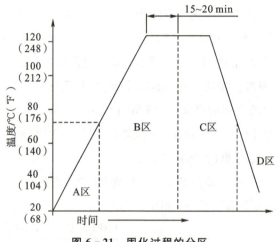

图 6-21 固化过程的分区

A 区:如果温度立即降低,检查真空袋有无泄漏。检查设备,如有必要就及时替换掉。

B 区:如果停止固化,则拆除真空袋和加热设备,重新进行修理。

C 区:对修理区域进行无损检测,看修理区域有无扭曲、褶皱、剥落、膨胀,周围有无分层、脱胶等。

D 区:可以接受的修理,按照 A320SRM51-77-10 检查。

注意:如果出现凝胶现象,则按 B 区处理;如果对修理质量有疑问,则按 B 区处理;以上的处理方法仅针对温度异常的情况,而固化对压力的要求是持续的。所以一旦发现固化过程中压力降低,结构件的内部就可能出现了分层、脱胶,建议重新进行修理。

8.检查和修整

在修理区域完成固化并拆除封装材料后检查蜂窝芯塞与原蜂窝粘接情况并应轻轻地打磨蜂窝芯塞的表面,使之形成平整、光滑的表面并达到高度要求。应当注意,打磨修理区域边缘时，不应损伤各铺层的纤维，否则会降低结构的强度。推荐先使用 280 号的砂纸打磨，再用 400 号的砂纸抛光。用清洁剂清洁修理区域表面。

9. 铺层修理

在完成蜂窝芯塞的检查和修整后，就要准备蜂窝夹芯结构面板的铺层修理。

10. 检查和修整

(1) 在修理区域完成固化并拆除封装材料后，应轻轻地打磨修理区域，以便形成光滑的表面。应当注意，打磨修理区域边缘时，不应损伤各铺层的纤维，否则会降低结构的强度。推荐先使用 280 号的砂纸打磨，再用 400 号的砂纸抛光。用清洁剂 11-003 或 11-004 清洁修理区域表面。

(2) 通常采用无损检测方法检查修理区域是否存在分层、脱胶等缺陷。检查的范围应扩大到修理区域以外 50 mm 的范围。没有无损检测条件时，可以使用金属敲击修理区域。如果发出钝的声音，代表分层、脱胶等缺陷。如果敲击声清脆，修理是可以接受的。但是这种金属敲击检查法是不可靠的，应尽快采用无损检测方法确定修理质量。

11. 恢复复合材料结构表面的保护层

完成铺层修理的检查和修整之后的工作是恢复复合材料结构表面的保护层。

任务实施

1. 复合材料夹芯结构非穿透性损伤预固化片填充修理

当蒙皮的损伤扩展到蜂窝时，对于强度要求不高，内部蜂窝没有损伤的情况，可按照手册规定对其实施填充修理。采用复合材料预固化加强片树脂灌胶修理，如图 6-22 所示，修理步骤如下：①准备、烘干修理区域表面；②准备黏结剂或低密度胶糊（填充剂）；③将填充剂灌注入蜂窝夹芯损伤处，注意应使其比蒙皮面板高 1 mm，以便固化收缩和打磨，铺放一层分离膜，按要求固化，再去掉分离膜，用 280 目砂纸修整表面，使其与面板平齐；④用清洁剂清洗打磨区；⑤准备黏结剂，将准备好的复合材料预固化片黏结到修理区域上，按要求固化；⑥固化后检测修理质量，先用 280 目砂纸去除加强片周围溢出的多余树脂再用 400 目砂纸精修。⑦清洁修理区域，如果需要，恢复表面保护层。

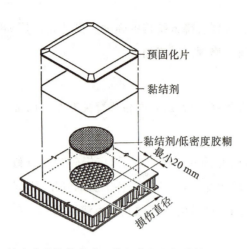

图6-22 蜂窝夹芯结构非穿透性损伤预固化片填充修理(树脂灌注)

2. 复合材料夹芯结构非穿透性损伤预固化片热粘接修理

复合材料夹芯结构非穿透性损伤,对于面板为平面的情况可以采用热粘接修理替换蜂窝,如图6-23所示,修理步骤如下:①准备、烘干修理区域;②准备复合材料预固化片;③制备、清洁和干燥蜂窝夹芯塞。根据修理的可接近面数,可分成以下3种情况。

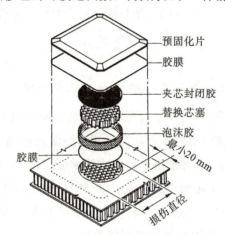

图6-23 蜂窝夹芯结构非穿透性损伤预固化片填充修理(替换蜂窝)

(1)如果两面都可接近,修理步骤如下:①用胶膜和泡沫胶安装夹芯塞;②用真空袋封装,部件两面使用加热装置,按要求的温度和压力进行固化;③封闭蜂窝上表面,裁剪一块适当尺寸的胶膜,铺放在修理区域,安装复合材料加强片;④安装真空袋和加热装置,按要求固化;⑤去除真空袋和加热装置,检测修理质量;⑥用280目砂纸去除修理补片边缘多余的树脂,再用400目砂纸精修;⑦清洁修理区域,如果需要则恢复表面保护层。

(2)如果仅单面可接近,修理步骤如下:①用胶膜和泡沫胶安装夹芯塞;②用真空袋封装,加热装置只能设置在修理一面,按要求的温度和压力进行固化,通常在90 ℃固化4.0 h;

③封闭蜂窝上表面,裁剪一块适当尺寸的胶膜,铺放在修理区域,安装复合材料加强片;④安装真空袋和加热装置,按要求固化;⑤去除真空袋和加热装置,检测修理质量;⑥用280目砂纸去除修理补片边缘多余的树脂,再用400目砂纸精修;⑦清洁修理区域,如果需要,恢复表面保护层。

(3)对于有气动外形要求的,可以采用如图6-24所示的预固化加强片埋头室温固化修理方式。修理步骤如下:①准备修理区域,注意除去足够多的蜂窝芯体,以便夹紧对接片;②准备对接片和外部加强片;③准备黏结剂,黏结剂应在室温下可有效固化;④在对接片及与之搭接的蒙皮内表面上涂上黏结剂;⑤对接片夹紧到正确位置,除去多余的黏结剂;⑥安装电热毯;⑦在室温下预固化几个小时,再在80℃条件下固化1.0 h;⑧除去电热毯和夹具;⑨准备填充黏结剂,黏结剂应在室温下可有效固化,加入稠化剂可得到一种膏状体;⑩在蜂窝芯内填充膏状黏结剂;⑪在对接片及与之搭接的外部加强片的搭接面上涂上黏结剂;⑫放上外部加强片;⑬安装真空袋和电热毯;⑭进行固化,可先在室温下固化几个小时,再在至少20 kPa的真空压力下,在80℃条件下固化1.0 h;⑮除去真空袋和电热毯;⑯打磨表面,用溶剂进行擦拭、清洗;⑰恢复表面涂层。

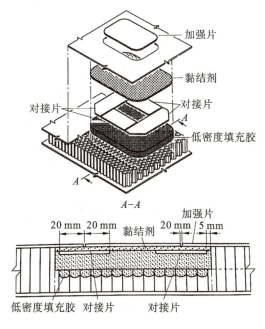

图6-24 预固化的加强片埋头室温固化修理

3. 复合材料夹芯结构非穿透性损伤湿铺层修理

当夹芯结构损伤的最大直径大于12.5 mm时,可采用如图6-25所示的方法进行维修。修理步骤如下:①检查损伤区域,确定损伤程度;②除去漆层及表面涂层;③除去损伤的铺层及芯体;④在修理区域将切口处蒙皮加工成锥面或阶梯形面;⑤制备替换用芯塞;⑥安装芯塞,如果损伤直径不超过 178 mm,则允许将芯塞与修理铺层进行共固化;如果超过,则蜂窝夹芯安装后应进行固化;⑦清洗修理区域;⑧准备并铺设修理铺层;⑨铺放真空袋;⑩进行固化;⑪拆去真空袋和电热毯;⑫检查修理区域;⑬打磨和清理修理区;⑭恢复表面保护层。

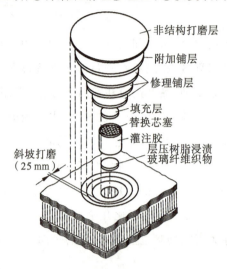

图 6-25 非穿透性损伤湿铺层修理(蜂窝替换)

当夹芯结构最大损伤直径小于 12.5 mm 时,可以采用如图 6-26 所示的修理方式,不需要斜坡打磨,蜂窝夹芯替换与面板平齐,然后铺放修理铺层。

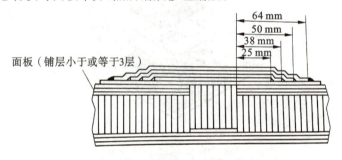

图 6-26 非穿透性损伤湿铺层修理(最大损伤直径小于 12.5 mm)

任务 19　复合材料蜂窝夹芯结构穿透损伤的修理

任务描述

复合材料蜂窝夹芯结构穿透损伤是指内外蒙皮和蜂窝芯体都有损伤,修补时,需要更换损伤的面板并去掉已损伤的蜂窝芯体。

项目6 飞机复合材料蜂窝夹芯结构的修理

知识链接

参照任务17中复合材料蜂窝夹芯结构的修理准则、修理流程和修理方法。

任务实施

1. 复合材料蜂窝夹芯结构穿透损伤的修理(单面可接近)

对于穿透性损伤的蜂窝夹层结构,如果只有一面可以靠近,另一面无法靠近,可以采用如图6-27所示的预浸料修理方法。

具体修理步骤如下:①去除损伤(图6-28)。外部面板和蜂窝夹芯的孔洞应比损伤区域面积更大,更大的孔洞有利于内部面板的修理;内部面板挖成椭圆形,如图6-27所示,其尺寸应有利于小的椭圆形补丁穿过。②准备干燥修理区域。③在内面板椭圆孔位置安放密封贴片。用一个薄的铝片或其他光滑的表面作为补丁铺层的模具,铺上分离膜,准备5层浸渍层压树脂的玻璃纤维织物,将5层玻璃纤维织物铺放在模具上,安放真空袋固化。从模具上取出补片,将补片裁剪成椭圆形状,在补片上钻直径3 mm的小孔,打磨补丁,用真空吸尘器吸取打磨粉尘。准备弹簧钢片(25 mm宽,250 mm长),在弹簧钢片上钻3 mm直径的临时小孔,将补丁和弹簧钢片用临时紧固件连接,如图6-29所示。④去除内面板外部防护层,如果可能,在内面板的外层用180目砂纸沿着椭圆孔周围12.5 mm打磨。⑤清洁表面。⑥使弹簧钢片弯曲,在补丁处铺树脂黏结剂。⑦抓紧弹簧钢片的末端,将补丁穿过椭圆孔洞,调整补丁以完全盖住孔洞,释放弹簧使补片紧紧压住内面板的外部,如图6-29所示。⑧固化。⑨移去紧固件和弹簧片。⑩在补片的小孔处填充黏结剂或密封剂并固化。⑪在内面板的内部铺放修理铺层。⑫准备夹芯,安装夹芯。⑬在外面板上铺放修理铺层。⑭安装真空袋并固化。⑮检测修理区域。⑯打磨清洁修理区域。⑰如为飞行操作面,检查平衡,恢复表面保护层。

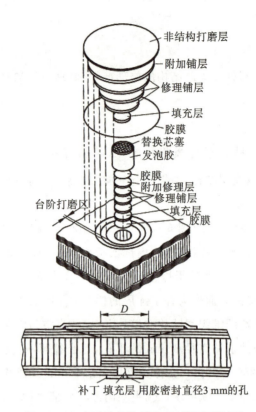

图 6-27 穿透性损伤的修理(单面可接近)

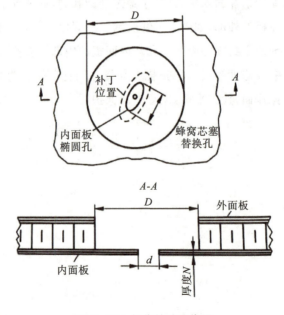

图 6-28 损伤挖除示意图

项目6　飞机复合材料蜂窝夹芯结构的修理

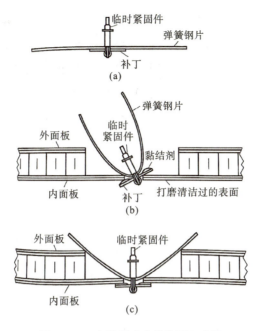

图 6-29　在椭圆孔安装补丁示意图

2. 复合材料蜂窝夹芯结构穿透损伤的修理(双面可接近)

对于蜂窝夹层穿透性损伤,如果上下面板都是可以接近的,可以采用如图 6-30 所示的湿铺层修理。

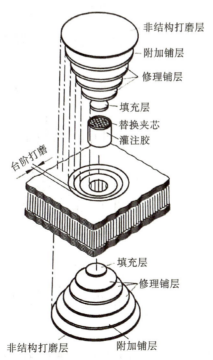

图 6-30　穿透损伤的湿铺层修理(双面可接近)

对于这种损伤的修理可以采用两步固化，包括第一步蜂窝夹芯塞和内面板固化，第二步外面板修理固化。也可以采用三步固化的方法，将蜂窝的安装和上下面板的铺层分别固化。

两步固化的具体维修步骤如下：①去除损伤，确保所有的损伤和水分都去除干净，修理区域水分必须完全排除；②打磨修理区域，蜂窝替换应打磨成圆形孔洞，上下面板斜坡打磨；③安装支持板，安装内面板铺层和蜂窝并固化；④翻过来修理外面板，安装修理铺层，按要求固化；⑤检测修理区域，打磨、修整、清洁修理区域；⑥如果需要，恢复表面保护层。

对于蜂窝夹层穿透性损伤，如果上下面板都是可以接近的，也可以采用如图6-31所示的热胶接修理，通常分为五步完成，第一步去除损伤，第二步安装支持板或模具，第三步修理夹芯塞，第四步修理内面板，第五步修理外面板。

热胶接修理采用三步固化，其具体维修步骤如下：①准备和干燥面板两面的修理区域；②准备和干燥蜂窝夹芯塞；③将一个暂时的模板或支持板安装在构件的一侧，模板至少比损伤区大50 mm；④安装蜂窝塞，底部无须胶膜，将真空袋封装并固化；⑤去除真空袋和热装置，打磨蜂窝塞使之与内面板平齐；⑥如果需要封闭蜂窝夹芯，按要求采用封闭胶封闭芯塞；⑦准备胶膜和修理铺层，将胶膜和修理铺层铺放在内面板上；⑧安装真空袋和加热装置，按要求固化；⑨去除真空袋和加热装置，检查修理质量；⑩去除模具；⑪采用同修理内面板的方法修理外面板；⑫先用280目砂纸打磨再用400目砂纸精修，去除修理边界多余的树脂；⑬用清洁剂清洁修理区域，恢复表面涂层。

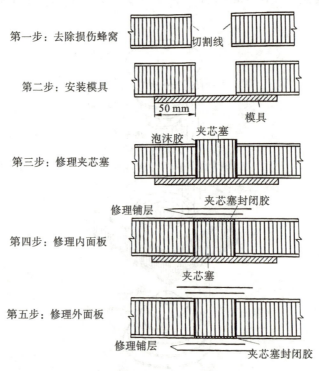

图6-31 穿透损伤的热胶接修理（双面可接近）

3. A320飞机的机腹整流壁板内蒙皮及蜂窝损伤的修理过程

(1)将壁板直立,用40~60 ℃的热水清洗壁板,清洗时应防止热水及油污进入壁板内表面。洗后用不起毛的布擦干,然后仍以直立状态放在通风干燥处晾干。

(2)通过目视及敲击检查,确定损伤区的范围,并在部件上标记清楚。

(3)首先按标记线从油污严重的地方开始切除损伤或污染的内蒙皮,然后再除去受污染的蜂窝。在切除时尽量不损坏未损伤或污染的蒙皮和蜂窝,并保证所有的拐角半径大于或等于25 mm。

(4)除去余下的全部内蒙皮,尽可能不损坏蜂窝,然后消除全部废物,确保除尽全部油迹和污染。

(5)用240目砂纸轻轻打磨保留下的蜂窝表面,除去毛刺。从内向外制备内蒙皮修理区的台阶,台阶示意图如图6-32所示。在不同的预浸料层片间做台阶时,要保证下面的铺层不被损坏。再用320目砂纸打磨修理区表面,并用真空吸尘器清除壁板表面及蜂窝孔格内的碎屑和灰尘,然后用不起毛的布蘸少量丙酮轻轻擦拭胶接表面。

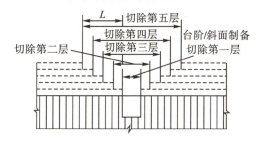

图6-32 蜂窝及蒙皮损伤的修理台阶示意

(6)将壁板直立放置于烘箱中。在80 ℃下至少干燥8 h。

(7)根据损伤情况准备足够的修理用材料:①蜂窝芯;②预浸料;③胶膜;④泡沫胶;⑤LAR膜。

(8)将保留下的壁板放入模具,根据模具上的限位器调整好位置并固定。在蜂窝置换区内铺1层胶膜,将准备好的蜂窝用泡沫胶包住侧面周边,按原来的类型和方向铺放在蜂窝置换区内。在保留下的内蒙皮上铺满1层胶膜,然后按原有铺层将准备好的预浸料进行层对层的置换铺贴。最后在壁板全部内表面铺满1层TEDLAR膜作为防护层,蜂窝拼接缝上要放压平板。

(9)做真空袋,按图6-33的固化曲线在热压罐中固化,固化条件:升温速率为1.5~5 ℃/min,125 ℃保温时间大于或等于90 min,降温30~90 min至60 ℃以下。

(10)检查固化记录并对壁板进行目视及敲击检查,以确定固化状态良好。

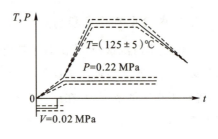

图 6-33　固化曲线

4. 空客系列飞机使用的雷达罩修理

气象雷达系统为飞行员提供目视的气象条件，以避免飞机进入风暴、雨、雪、冰雹区和乱流，还能帮助飞行员观察前下方的地形，所以气象雷达系统对飞行安全是很重要的。

空客系列飞机使用的雷达罩，大部分是蜂窝夹芯结构，与机身连接的区域是芳纶纤维复合材料层合板。采用非金属的蜂窝夹芯结构，所以机头雷达的电信号可以穿越。当发生雷击或者机身摩擦起电时，大量静电荷可以被转移、释放，雷达罩从而避免被击穿。当飞机在飞行中遭遇雷击、冰雹还有类似鸟击的意外撞击时，需要进行详细的结构检查。雷达罩的内部结构和铺层如图 6-34 所示。

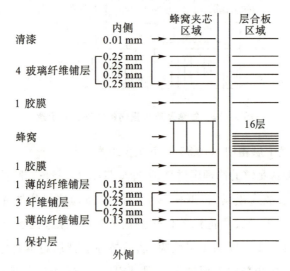

图 6-34　雷达罩的内部结构与铺层

1) 目视检查

从外侧进行的目视检查包括：①检查导电条是否松动；②检查雷达罩表面是否存在凹坑；③检查是否存在类似小孔、鼓包一类的雷击点；④检查保护层和蒙皮是否存在擦伤和裂纹。

从内部进行的目视检查包括：①检查是否存在雷击点；②检查内表面的清漆是否发生脱落；③检查所有金属件和密封剂是否完好。

2)金属敲击检查

金属敲击检查法常被用于雷达罩的结构检查,看是否存在分层、脱胶。检查范围要扩展到可视损伤以外 100 mm 的蒙皮。每个敲击点之间的距离控制在大约 10 mm。清脆的敲击声代表着完好的结构,钝的敲击声代表着分层和脱胶。用记号笔把损伤区域画出来。

3)水分的检查和去除

飞机在雨中飞行,迎面会直接受到雨滴的撞击。只要雷达罩存在微小的开裂,飞机在正常爬升、下降时,大气的压力差、湿度差和温度差就会使水分进入内部蜂窝。水分的不利影响有:①水对雷达波是不透明的,导致雷达罩透波率下降;②水进入内部蜂窝,会加剧分层和脱胶;③水分会导致修理中的粘接质量下降。

其可用 X 射线或者湿度仪 A8-AF 检查。后者便于携带,操作简单,广泛应用于内、外场检查。结构修理时,推荐把雷达罩放进 60 ℃ 的烤箱加热 12 h,确保去除所有水分。

4)可允许损伤和临时性修理

当类似磨损、擦伤、分层、脱胶和刺穿一类的损伤与纯层板结构区域之间的距离大于或等于 200 mm 时,如果损伤只有一个,是允许的。

(1)磨损、擦伤。如果这类损伤仅限于蒙皮的第一层纤维,可以用树脂将损伤刮平,然后恢复保护层;如果这类损伤扩展到第二层纤维,可以在下次 A 检之前采取临时性修理,等到 A 检时进行永久性修理。

(2)分层、脱胶和蜂窝压瘪。如果这类损伤的最大直径小于或等于 250 mm,是允许的。但必须在下次 C 检时进行永久性修理。

(3)蒙皮刺穿、凹坑。如果这类损伤的最大直径小于或等于 50 mm,是允许的。可以在下次 A 检之前采取临时性修理,等到 A 检时进行永久性修理。

(4)临时性修理。临时性修理有恢复保护层、用聚亚安酯保护膜覆盖雷达罩和用自带胶的透明或者灰色保护膜覆盖雷达罩三种方案可供选择。

5)采用预浸料的热压修理

修理材料:①高密度 Nomex 蜂窝,其高度与雷达罩破损区蜂窝高度相同。②JC-1 室温固化环氧体系。其特点是固化速度快,室温力学性能好,可 50 ℃ 长期使用。③斜纹高强度玻璃布。

修理工具、设备:雷达罩是曲面的,最前端处的曲率很大。修理需要使用全尺寸的模具。使用预浸料的热修理,需要使用热压罐。图 6-35 所示为全尺寸的空客系列飞机雷达罩模具。

 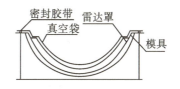

图 6-35 飞机雷达罩模具及热压成型封装示意图

修理步骤:(1)切割损伤:尽可能用一个圆把损伤包含进去。在去除损伤的时候,不能切割到损伤下面或者周围完好的结构,切割内侧蒙皮、蜂窝和外侧蒙皮。

(2)打磨损伤区域:用80目砂纸小心打磨修理区域。各铺层轮廓线满足图6-36的要求。

(3)修理区域的准备:用真空吸尘器清除所有的粉尘、碎屑,用无纺布蘸少量清洁剂11-583清洁修理区域,并把多余的清洁剂抹干,为了去除内部蜂窝的水分,把雷达罩放入60 ℃的烤箱中,加热12 h,彻底清洁模具,并在模具的表面均匀地喷一层脱模剂,把雷达罩放置到模具中合适的位置。

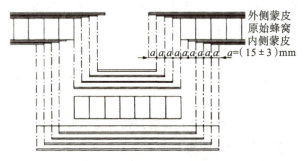

图6-36 雷达罩热压成型修理示意图

(4)制作蜂窝芯塞。对于雷达罩最前端的位置,因为曲率很大,所以需要先使蜂窝热压成型,按照修理区域切割一块大小合适的蜂窝,把蜂窝放在一个半径为420 mm的半球状小模具里,在模具上抽真空,保持真空压力为10 kPa(0.10 bar),放入烘箱加热至170 ℃,升温速率控制在3 ℃/min,保持温度2 h,降温至30 ℃,拆除真空袋,降温速率控制在3 ℃/min。

(5)铺放外侧蒙皮铺层,安装蜂窝芯塞。如图6-36所示,铺放外侧蒙皮铺层,安装蜂窝芯塞,在蜂窝芯塞上铺放泄流层和吸胶布,在模具上铺放真空袋,保持压力为75 kPa(0.75 bar),保持2 h,让外蒙皮铺层和蜂窝芯塞成型,拆除所有工具、设备。

(6)铺放内侧蒙皮铺层。如图6-36所示,铺放内侧蒙皮铺层,在最后一层的铺层上铺放泄流层和吸胶布,在模具上铺放真空袋。

(7)固化。使用热压罐的固化必须遵循以下过程:在模具中放置好雷达罩以后,保持真空压力为25 kPa(0.25 bar);5 min 以后,热压罐开始增压至120 kPa(1.2 bar),增压速率控制在50 KPa/min(0.5 bar/min);5 min 以后,热压罐开始升温直至达80 ℃,升温速率控制在3 ℃/min;保温30 min(80 ℃);解除模具上的真空压力;热压罐从80 ℃升温至115 ℃,升温速率控制在3 ℃/min,保温2 h(115 ℃);然后降温至65 ℃,降温速率控制在0.5 ℃/min;热压罐降压至零,降压速率控制在50 KPa/min(0.5 bar/min);将雷达罩自然冷却至30 ℃,结束整个固化过程。

(8)检查、修整。从模具中把雷达罩取出来,放置到架子上;检查修理质量;仔细打磨修理区域的毛边,推荐先用150目砂纸打磨,再用240目抛光;用真空吸尘器清洁粉尘、碎屑;用清洁剂11-

583 清洁修理区域:在雷达罩的内侧喷涂清漆,安装导电条,喷涂防静电漆;检查雷达罩的电阻。

6)修理之后的各项测量

(1)各保护层厚度的测量。完好的保护层可以保护雷达罩免受风蚀或雨蚀。防静电漆还起到抗静电的作用。各保护层的厚度直接影响雷达罩的透波率,所以一定要严格控制保护层的厚度。雷达罩表面保护层的结构如下:内侧表面是喷涂一层具有密封作用的清漆;外侧表面从内到外的喷涂顺序是,底漆、防静电漆、防侵蚀漆和面漆。其中底漆 $20\sim30~\mu m$;防静电漆 $30\sim50~\mu m$;防侵蚀漆 $80\sim100~\mu m$。

(2)透波率的测量。透波率的测量区域是气象雷达的窗口覆盖水平方向 $\pm90°$,垂直方向 $\pm40°$ 的范围。防风切变雷达的窗口覆盖水平方向 $\pm60°$,垂直方向 $\pm25°$ 的范围。所以透波率的测量区域一定要覆盖以上两个窗口的范围,如图 6-37 所示。

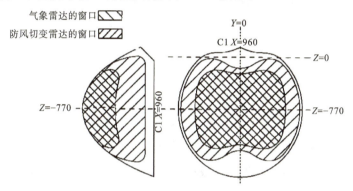

图 6-37 测量透波率的区域

在测量区域均匀地选择测量点进行测量透波率。根据测量值的平均值和最小值,把透波率分为五个等级,见表 6-1。影响透波率的最大因素是各保护层的厚度。

表 6-1 雷达罩透波率等级及其数值

序号	等级	透波率平均值/%	透波率最小值/%	说明
1	A	90	85	—
2	B	87	82	—
3	C	84	79	C级(含)以上合格
4	D	80	75	
5	E	70	55	

(3)电阻的测量。空客系列飞机的雷达罩是先安装导电条,再整体喷涂防静电漆。防静电漆除了要控制厚度以外,还要测量雷达罩表面的电阻。在雷达罩的表面均匀地选择测量点进行测量,两个测量点的距离控制在 100 mm,防静电漆的电阻在 $5\sim100~M\Omega$ 之间为合格。

项目拓展

大型运输机机身的面板最早采用复合材料夹芯结构的部件,其中散装式货舱底板很容易受到外来物的撞击而受损。散装式货舱底板半穿透损伤的修理有以下几种情况。

(1) Ⅰ类损伤。

Ⅰ类损伤的标准:同一地板上任何一个损伤的最大直径小于或等于 85 mm;相邻两个损伤的边缘距离必须大于其中任何一个较大损伤的最大直径的 2 倍,否则两个损伤视为一个损伤;在 X、Y 方向上损伤边缘距离地板边缘距离大于或等于 40 mm。其中 X 为飞机纵轴,Y 为飞机横轴。

修理措施如下:采用临时性修理时,可用铝胶带密封损伤区域,尽快进行永久性修理。永久性修理是在 350 个飞行小时内,按照永久性修理 A 方案进行修理,不需要更换受损蜂窝。当地板为铝板覆盖的玻璃纤维/环氧树脂地板时,需要按照说明图示在填充剂上面粘接相应尺寸的铝板补片,补片采用 1.2 mm 厚的 clad 2024-T3 铝板。如果地板为纯玻璃纤维/环氧树脂地板,则不需粘接补片,如图 6-38 所示。

永久性修理 A 方案具体修理步骤如下:①去除修理区域的漆层,清洁修理区域,烘干;②重新评估损伤是否可用 A 方案修理;③按图切割损伤,用双面胶带覆盖补片背面;④用填充剂填充损伤,固化填充剂,打磨确保填充剂与周边平齐;⑤将准备好的补片粘接到合适位置,施加一定的压力;⑥修整,清洁修理区域,把补片边缘密封起来;⑦恢复修理区域的漆层。

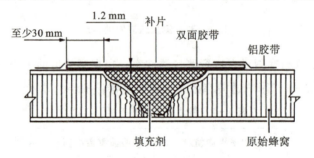

图 6-38 地板永久性修理 A 方案

(2) Ⅱ类损伤。

Ⅱ类损伤的标准:同一块地板损伤必须满足损伤的最大直径在 85~250 mm;相邻两个边缘损伤的距离大于或等于 70 mm,否则视为一个损伤,在 X 方向上损伤的边缘与地板的边缘之间的距离大于或等于 200 mm,Y 方向上大于或等于 40 mm。

修理措施如下:采用临时性修理,用铝板和胶带密封损伤区域,尽快进行永久性修理。永久性修理是在 350 个飞行小时内,按照永久性修理 B 方案进行修理,要求更换蜂窝。如地板有铝板覆盖,采用 1.2 mm 厚的 clad 2024-T3 铝板修理,如图 6-39 所示。

永久性修理 B 方案具体修理步骤如下:①去除修理区域的漆层,用清洁剂清洁修理区域,并且烘干；②去除损伤蒙皮和蜂窝，并且清洁、烘干；③重新评估损伤是否可用 B 方案修理；④准备蜂窝夹芯塞和足够的黏结剂；⑤安装蜂窝芯塞，并保持高度与周围平齐；⑥固化胶粘接，可以适当加热，减少固化时间；⑦准备铝补片，用黏结剂把补片粘接到合适位置；⑧去除多余黏结剂，修整、清洁修理区域；⑨恢复修理区域涂层。

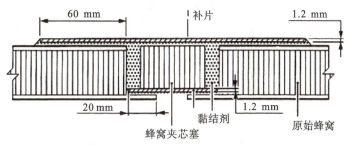

图 6-39　地板永久性修理 B 方案

(3) Ⅲ类损伤。

Ⅲ类损伤的标准：在 X 方向上两个相邻损伤的边缘之间的距离大于或等于 2 倍的 Frame Bay；在 Y 方向上两个相邻损伤的边缘之间的距离大于或等于 Frame Bay；在 X 方向任何一个损伤的边缘与地板的边缘的距离必须大于或等于 200 mm，在 Y 方向上大于或等于 40 mm。Frame Bay 为地板下面两个隔框之间的距离。

修理措施如下：采用临时性修理，在整个地板上覆盖 0.8 mm 厚的铝板。永久性修理则是在 150 个飞行小时内，更换地板。

(4) 在同一块地板上，当所有损伤面积之和超过整个地板的 10% 时，必须进行永久性修理或者更换地板。

(5) 当损伤的边缘和地板边缘之间的距离不满足以上条件时，按照永久性修理 C 方案进行修理，如图 6-40 所示。

永久性修理 C 方案具体修理流程如下：①去除损伤区域周围的密封剂，去除修理区域的漆层，并用清洁剂清洁；②去除损伤，尽可能形成规则的切口，清洁损伤并且干燥；对损伤进行重新评估，看是否还满足 C 方案对损伤的要求。③准备一块铝板把损伤区域与相邻的地板隔开，以便填充剂固化时形成合适的形状，在铝板和原始紧固件上涂脱模剂，且安装到位；④用足够的填充剂填充损伤，固化填充剂并用砂纸打磨，确保填充剂与周围的高度一致；⑤拆除修理区域的铝板和紧固件；⑥按要求制作补片并且倒角，清洁补片，在补片上涂底漆；⑦将补片安装到位，在补片上复原紧固件的孔，参照原结构件的铆钉间距（$a=15$ mm）及边距（$b=10$ mm）要求，钻铆钉孔，所有孔要去毛刺，划窝；⑧将密封剂涂覆补片，注意密封补片与相邻地板之间的间隙；⑨去除多余密封剂并修整、清洁修理区域，恢复修理区域的漆层。

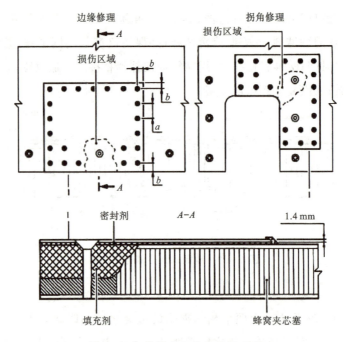

图 6-40 地板永久性修理 C 方案

巩固练习

1. 蜂窝夹芯结构最显著的优点有哪些，它们被应用在飞机的哪些部件上？
2. 蜂窝夹芯结构件的常见损伤有哪几种？
3. 确定蜂窝夹芯结构件损伤的原则有哪些？
4. 蜂窝夹芯结构件损伤的修理是怎样分类的，冷、热修理的区别有哪几点？
5. 如何去除蜂窝夹芯结构件内部的积水？如何去除损伤的蜂窝？
6. 对合镶接修理法适用于什么样的损伤？简述对合镶接修理法的铺层顺序。
7. 注射修理法适用于什么样的损伤？
8. 蜂窝夹芯结构件修理后的检查有哪些，如何修整？
9. 简述热压罐的典型热修理固化过程。
10. 混合物填充修理法适用于什么样的损伤？在填充剂中混合稠密剂需要注意什么？
11. 雷达罩需要满足哪些电性能要求，后续的检查有哪些？
12. 货舱底板是以什么为依据来选择具体修理方案的？

项目 7　飞机复合材料结构件的其他修理方法

项目目标

知识目标：(1) 熟悉飞机表面防静电层、金属黏结结构及塑料件、橡胶构件的修理方法。
　　　　(2) 掌握飞机的金属黏结结构的修复技术。
能力目标：会对飞机表面防静电层、金属黏结结构及塑料件、橡胶件进行修理。
素质目标：(1) 提高学生的全局意识和环保节约的职业理念。
　　　　(2) 提高学生的团结协作精神，加强其沟通交流合作的能力。

项目引入

飞机结构件除了层合板和蜂窝夹层结构件，还包括复合材料表面防静电层，如火焰喷涂铝涂层、镀铝玻璃纤维层、铝箔、铜网等，金属黏结结构件如铝合金-铝蜂窝芯黏结结构，飞机客舱内饰件多采用塑料件，飞机机轮、密封件多采用橡胶件，这些部件出现凹坑、擦伤、裂纹、断裂等损伤，可依据相关修理手册，按照修理工艺进行修理。

任务 20　飞机复合材料表面防静电层的修理

任务描述

飞机复合材料表面的防静电层有火焰喷涂铝涂层、镀铝玻璃纤维层、铝箔、金属网(铝网、铜网)等。针对其损伤，完成火焰喷涂铝涂层的修理、镀铝玻璃纤维层的修理、铝箔的修理及铜网的修理。图 7-1 所示为波音某型飞机火焰喷铝、镀铝玻璃纤维及铝箔的分布，这些防静电层容易在使用中出现划痕、裂纹、纤维断裂等损伤，因此需依据结构修理手册(SRM)进行修理。

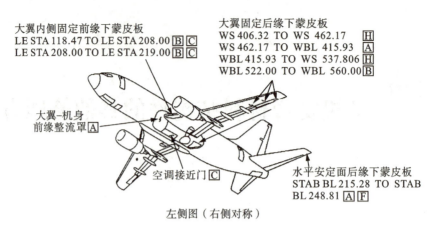

图 7-1 波音某型飞机火焰喷铝、镀铝玻璃纤维及铝箔的分布

知识链接

20.1 飞机复合材料表面防静电层概述

当高速气流与飞机上大面积、大尺寸的复合材料部件摩擦时,不可避免地产生静电电荷。这些静电电荷均匀分布在飞机机身表面,在大气层这个大磁场作用下,导致这些电荷会集中到飞机表面的尖端、顶端及边缘区域。电荷积累到一定程度,将导致空气或云层分子击穿放电,也称为雷击,静电产生的雷击对飞机会造成损失,如复合材料表面的灼烧、穿透及分层。

飞机复合材料表面防静电层装置包括放电刷和塔铁线。放电刷安装在飞机的机翼尖、平尾翼尖和垂尾顶部,根据物体尖端放电原理用于释放物体所积累的静电荷。放电刷的顶端装了一个很小的金属针,在大气中由于电磁场的作用,带电电荷都集中到放电刷的顶端的金属针头上,这样电荷积聚在非常小的针头上,在不是非常高的电荷能量积聚的状态下就非常容易导致与空气或云层中水分子之间的击穿放电引起局部非常小能量的"雷击"效应,从而将积聚在飞机机体表面的电荷能量释放。放电刷由刷杆和基座组成,基座与翼面金属结构用紧固件和胶黏剂连接。放电刷由电阻性材料制成,末端是碳纤维,通过金属基座固定在机身结构上。

搭铁线是附件与附件之间,附件与结构之间的金属连线,用于防止电荷积累,将飞机上的电荷通过结构传递到放电刷释放掉。

20.2 飞机复合材料表面防静电层类型及修理要求

飞机复合材料表面的防静电层有火焰喷涂铝涂层、镀铝玻璃纤维层、铝箔、金属网(铝网、铜网)、金属导电条及防静电漆 6 种类型。

1. 火焰喷涂铝涂层

飞机复合材料构件表面如果为导电性差的玻璃纤维,静电产生后不易导走,从而需要在复合材料结构表面热喷涂喷铝层,以增加其表面导电性。火焰喷涂铝涂层是以氧气-燃气的火焰为热源,将喷涂材料(金属丝或粉末)加热至熔融状态,在高速气流的作用下,将雾化的铝颗粒喷涂在复合材料工件表面,形成铝涂层。对于不同基层材料火焰喷铝表面的允许损伤的规定也不同。火焰喷铝的允许损伤有:表面裂纹的长度小于150 mm,而且裂纹没有从一条边扩展到另一条边;刻痕、划槽和擦伤没有伤及基层纤维铺层等。

2. 镀铝玻璃纤维层

镀铝玻璃纤维是一种新型复合材料,它是在玻璃纤维表面上镀一层薄薄的致密的高导电金属-铝,在金属层上再进行表面处理,以提高其分散性及防止金属表面氧化。

3. 铝箔

铝箔层主要铺设在复合材料内表面,如空调舱门的内表面、发动机进气道内表面、发动机吊架结构蒙皮的内表面等。铝箔是一层薄铝,正面是铝层,反面是粘接面,经过处理呈黑色,铝箔层覆盖在复合材料层板的表面,铝箔具有导电性,铝箔在复合材料表面形成一层导电的金属箔,以减少复合材料结构件的雷击损伤。

当发现铝箔层损伤,首先要确定损伤的程度,如果损伤扩展到基础层,应先对基础层进行修理,对损伤的铝箔层再进行永久性修理。

4. 金属网(铝网、铜网)

在复合材料结构表面敷设铝网或铜网是飞机表面防静电处理的方法。金属网防静电层的附着强度高,不容易脱落。

在复合材料表面敷设铜网,当表面铜网出现以下损伤时,就需修理。

(1)铜网上面的保护层被破坏,铜网下面的复合材料蒙皮没有受损。

(2)外来物的影响直接导致铜网破裂,不完整。

(3)雷击、大量静电积聚烧蚀铜网。

(4)对受损的复合材料蒙皮、蜂窝进行修理时,铜网被切割、破坏。

飞机结构修理手册对铜网修理的损伤面积要求,在允许损伤范围内,不需要修理铜网,只需要恢复表面保护层。具体情况需根据相关机型的结构修理手册处理。

5. 镀铝玻璃纤维层

镀铝玻璃纤维层通过对玻璃纤维表面的金属化,使玻璃纤维在保留原有的力学性能的基础上又具有了金属纤维良好的导电、导热等一系列新的性能,从而起到防静电的作用。

当发现镀铝玻璃纤维层损伤,首先要确定损伤的程度,如果损伤扩展到基础层,应先对基础层进行修理,对损伤的镀铝玻璃纤维层再进行永久性修理。

6. 金属导电条

雷达罩通过设置金属导电条的方法来导电,静电电流经过紧固件传导到机身金属结构上。

飞机的外部金属结构是最基本的雷击保护层,在遭到雷击时金属表面犹如屏蔽板一样,允许大电流通过,以防飞机内部的部件损伤。

7. 防静电漆

防静电漆就是涂在飞机复合材料结构表面能够防止产生静电的油漆,它具有防静电、防尘、防霉、耐磨、耐酸碱等特点,涂层表面处理简单、无霉、流平性好、容易清洗。雷达罩通过涂防静电漆来导电,静电电流经过紧固件传导到机身金属结构上。

任务实施

1. 火焰喷涂铝涂层的修理

火焰喷涂铝涂层的临时性修理是首先打磨并清洁修理区域表面,然后修理区域表面铺放铝箔或铝箔粘接带,再涂导电树脂层,而后固化打磨修整并涂化学转化剂。火焰喷铝涂层的永久性修理工艺包括火焰喷铝涂层损伤去除和修理区域的准备、火焰喷铝涂层修复、火焰喷涂铝涂层厚度的确定、树脂固化及固化后清洁并打磨修理区域这五个步骤。

(1)火焰喷铝涂层损伤去除和修理区域的准备:①通过目视检测、敲击检测或者无损检测方法确定损伤部位;②用保护带隔离损伤区域;③用180目或更细的砂纸轻轻地打磨损伤区域;④清除松动的火焰喷涂铝涂层;⑤在损伤区域以外最少25 mm范围内打磨掉表面的漆层,露出铝表面;⑥用浸渍清洁溶剂的布反复擦拭损伤的区域;⑦清除打磨粉尘或其他污物。

(2)火焰喷涂铝涂层制作。采用直径为3 mm的纯铝丝,用氧-乙炔火焰喷枪进行火焰喷涂铝涂层;使熔融的铝液通过喷枪均匀喷涂并沉积于工件表面,形成一种组织结构致密、牢固的喷铝导电层。涂层厚度达到250~300 μm。

(3)火焰喷涂铝涂层厚度的确定。用以下三种方法确定火焰喷涂铝涂层厚度:①从保护带处的修理区域外侧剥落喷涂层,测量厚度;②测量和记录喷涂前后层合板的厚度,再测量和记录喷涂后同一位置的厚度;③对于不易测量厚度的部位,可以采用试片固定在修理区附近,喷涂后通过测量试片的厚度变化来确定喷涂的效果。

(4)树脂固化:①彻底混合树脂的两种组分,制成混合树脂;②在整个火焰喷涂层上均匀地涂混合树脂;③固化树脂。

(5)对火焰喷涂层进行清理和打磨。

2. 复合材料结构件表面铜网的修理

(1)如果条件允许,结构件最好从机体上拆卸下来修理。

(2)选择合适的检测方法,确定损伤区域,在修理时通常有个搭接区,损伤区域与搭接区的轮廓线之间的距离为25 mm。

(3)去除损伤区域中的铜网。

(4)用 180 号或更细的砂纸打磨搭接区,暴露出完好的铜网。

(5)清洁损伤区域,通常用浸渍酒精的无纺布清洗,直到白色无纺布再也擦不到污物。

(6)检测打磨区铜网是否完全暴露,不能靠肉眼来确定,应使用毫欧表测试,两个测量点 A、B 之间的距离要求不低于 25 mm。如果电阻小于或等于 20 mΩ,表明搭接区的铜网已经完全暴露,否则继续打磨,直到电阻值符合要求。测量时,应多次选择测量点进行测量。

(7)用百洁布手工打磨搭接区以外 25 mm 的区域,并清洁该区域,形成完整的修理区,用干净的真空袋薄膜覆盖修理区,以防污染。

(8)准备铜网。剪下一块与修理区域形状相同,但尺寸稍小的铜网,用浸渍酒精的无纺布清洁铜网,注意不能拉扯铜网,以免使其变形。对于面积很大或弯曲表面的修理区,可以用几块铜网搭接修理,但铜网之间的搭接宽度应为 25 mm。

(9)准备胶黏剂。

(10)去掉真空袋薄膜,在修理区域均匀涂上一层薄薄的胶黏剂。

(11)在适当的位置铺放铜网,并在修理铜网上均匀涂上一层薄薄的胶黏剂。

(12)剪下一块比修理区域稍大的有孔分离膜,覆盖在上面。

(13)在有孔分离膜上铺放一层比有孔分离膜稍大的吸胶层。

(14)封装真空袋并固化。

(15)用 180 目或更细的砂纸小心打磨整个区域,去除多余的、溢出的胶黏剂。

(16)检测电阻。用 180 目或更细的砂纸小心打磨修理区域中心位置 C,暴露出部分铜网,清洁该区域,用毫欧表测量修理区域中心 C 到相邻某点 D 之间铜网的电阻。测量之前应打磨相邻区域 D 点,使铜网暴露,D 点的选择尽可能靠近修理区域外廓线。

(17)如果电阻低于 40 m^2,表明修理合格,否则重新修理。

(18)完成测试后,在两个测量点 C、D 暴露的铜网处均匀涂上一层薄薄的胶黏剂,并固化。

3. 铝箔表面防静电层的修理

对于损伤的铝箔防静电层按以下步骤进行修理,如图 7-2 所示。

(1)用保护带隔离修理区域。

(2)通过剥离或打磨消除损伤的铝箔层,注意不要损伤底层玻璃纤维。

(3)打磨并用溶剂擦拭距损伤区域至少 75 mm 范围内的铝箔层上的底漆。

(4)清除至损伤区域边界至少 25 mm 范围内的底漆,打磨并用溶剂擦拭铝箔表面,使其处于"无水"状态,允许底漆斑点痕迹达边界面积的 10%。

(5)打磨并用溶剂擦拭裸露的复合材料表面,不要损伤基础玻璃纤维。

(6)剪下一块与修理区域形状和大小相同的铝箔片。

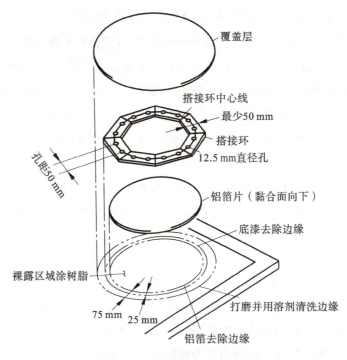

图 7-2 铝箔的永久性修理

(7) 在裸露玻璃纤维区域的表面上涂混合树脂。

(8) 使黏合面向下铺放铝箔片,它与原铝箔层对接(最大间隙为 6.4 mm),用浸渍 MEK 或相应溶剂的布向下按压,并清除多余的树脂。

(9) 剪下拼接条,在所有与拼接条和覆盖层接触的铝箔表面上涂一层化学转化层。

(10) 把拼接条铺放在铝箔表面,所有边至少超出铝箔至少 25 mm。

(11) 把浸渍过混合树脂的玻璃纤维覆盖层铺放在修理区域上,所有边都要超出拼接条至少 25 mm。

(12) 铺放分离膜、透气布、加热毯和真空袋,固化 3 号混合树脂:EA 956 和 EA 9396 在 70~100 °F(21~37 °C)温度下最少固化 24.0 h,才能达到加工强度;在 20~40 °C温度下充分固化,需要 5 d,而在(70~94 °C)温度下加速固化,需要 1.0 h。

4. 镀铝玻璃纤维层的修理

当镀铝玻璃纤维表面层的损伤超出可允许损伤范围时,可按如下步骤修理,其修理如图 7-3 所示。

(1) 用保护带隔离损伤区域。

(2) 用 240 号或更细的砂纸打磨损伤区和周围 25 mm 范围内的外表面涂层。

(3) 用浸渍 MEK 或 MIBK 的布擦拭修理区域,以便消除打磨粉尘或其他污物。

(4) 火焰喷涂铝涂层,使厚度达到 250~300 μm。

(5)清除保护带。

(6)在修理区域上涂混合树脂。

(7)按规定的固化温度和时间进行固化;如果采用红外线灯作为热源,可参考规定固化时间。

(8)用240目或更细的砂纸打磨修理区域,以便形成一个与周围区域齐平的征伸到具有凹形垫圈的紧固件光滑表面。

(9)按要求涂导电涂层。导电涂层必须从修理区域处,以确保适当接地。

(10)按规定修饰修理区。

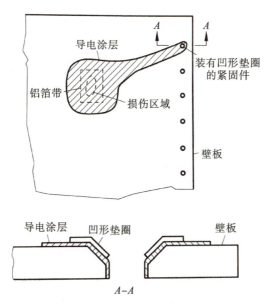

图 7-3 镀铝玻璃纤维层的修理

任务 21　飞机金属结构的粘接修理技术

任务描述

飞机金属结构的粘接修理技术具有成本低、效率高等优点。其内容包括金属结构件的表面处理、复合材料修理补片的设计及准备、胶黏剂的选用、修理补片的铺放、真空袋封装及固化等关键技术。图 7-4 所示为波音某型飞机铝蒙皮-铝蜂窝芯的黏结结构的应用部位,金属黏结结构出现损伤,可采用复合材料粘接修理技术。

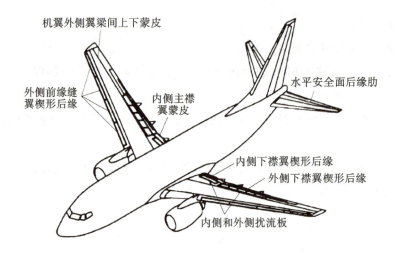

图 7-4 波音某型飞机铝蒙皮-铝蜂窝黏结结构的应用部位

知识链接

21.1 金属黏结结构在飞机上的应用

飞机结构中金属材料的结构粘接始于 20 世纪中叶,已有近 80 年的历史,它多用于民用飞机。金属黏结结构包含金属与金属的组合和金属蒙皮与金属蜂窝芯的组合。飞机和发动机上用于结构粘接的金属材料主要是铝合金、不锈钢和钛合金,其中使用最多的是铝合金。飞机结构的金属黏结结构最常见的是铝合金与铝合金黏结结构和铝蒙皮与铝蜂窝芯的黏结结构。

(1)波音 777 飞机上的金属黏结结构为铝蒙皮-铝蜂窝芯,应用部位如下:①垂直安定面和水平安定面的前缘盖板;②水平安定面翼尖中部和后部盖板;③固定后缘的下部盖板;④大翼翼尖上部和下部盖板组件;⑤机身蒙皮盖板;⑥后引擎罩整流盖板。

(2)波音 737 飞机上的金属黏结结构为铝蒙皮-铝蜂窝芯,应用部位如下:①水平安定面后缘;②内外侧下襟翼楔形后缘;③内侧和外侧扰流板;④大翼外侧上蒙皮和下蒙皮;⑤内侧主襟翼蒙皮;⑥外侧前缘缝翼楔形后缘。

(3)空客飞机上的金属黏结结构为铝蒙皮-铝蜂窝芯,应用部位如下:①前缘缝翼楔形后缘结构;②内襟翼楔形后缘结构;③发动机反推包皮消音结构。

21.2 金属黏结结构件的常见损伤、检测方法及修理要求

1.金属黏结结构件的常见损伤类型

(1)外部损伤有凹坑、划伤、擦伤、裂纹、穿孔。

(2)脱胶包括蒙皮和蜂窝芯之间的脱胶及蒙皮和蒙皮之间的脱胶。

(3)内部孔隙。

(4)蜂窝芯塌陷。

(5)蜂窝芯进水。

(6)蒙皮或蜂窝芯腐蚀。

2. 金属黏结结构缺陷的检测方法

在对金属结构件进行修理之前,必须对其损伤情况进行检查评估。目前用于金属结构件损伤检测的方法主要有目视检测法、敲击法、超声检测法、射线检测法、渗透检测法、涡流检测法、磁粉检测法等,要根据损伤的类型选取合适的检测方法确定具体的损伤范围。

3. 金属黏结结构修理要求

金属粘接的修补过程要求很严格,在粘接修理的过程中,一定要按照维修手册上的步骤进行,执行每一个步骤都要非常认真细致。要想得到满意的金属粘接修理结果,重要的是做好以下几点:

(1)根据损伤的情况选择合理的检测和修理方法。

(2)根据相应机型的飞机修理手册选用合适的修理材料和工艺。修理材料主要有:结构胶、填充胶、胶膜底漆、铝合金、铝蜂窝芯、金属粘接需要的辅助材料。

(3)严格按批准工序进行。修理工序有去除损伤、准备修理零件、表面处理、应用底漆、安装补片、封装固化。

(4)提供符合要求的环境及合理的修理工具。修理环境要求温度、湿度、空气的清洁度等符合要求;修理工具包括制孔工具、切割工具、打磨工具、树脂胶工具等工具和修理设备,如材料存放设备、加热加压设备等。

(5)施工人员技术娴熟,综合素质高。

21.3 飞机金属黏结结构修复的关键技术

1. 粘接修复工艺的选择

理想的修补要求是永久地恢复结构功能,最小限度地降低性能和最小限度地增加重量。修复工艺方法的选择包括修补固化工艺及施工工艺保障,修补固化的主要控制因素是压力、温度和时间。由于被修补部位与周围机体结构组成了一个庞大的热传导体,而且结构形式多样,因此,需通过专用修补设备(如热补仪)、配套材料,以及特配工具对修补区提供连续的温度和压力保障。

对于不同的损伤结构,必须采取相应的施工工艺进行修补。在进行工艺方法选择时要充分考虑到损伤构件的材料结构、受力状况、损伤范围、操作规范和性能要求等因素,从而选择相应的方法实施修复。

修补方法大致分为三类:贴补法、挖补法和其他修补方法。

1) 贴补法

贴补法是指在修补结构的外部,通过胶接或胶接共固化来固定一外部补片以恢复结构的强度、刚度及其他使用性能的一种修补方法。贴补法又分为胶接共固化贴补和胶接贴补,其中胶接修补一般适合于平面或曲率半径较小的结构。

胶接共固化贴补修补是指在损伤结构的损伤区域粘贴胶膜(或涂胶黏剂)和一定层数和取向的预浸料通过胶接共固化(胶黏剂与预浸料同时固化)使结构恢复使用性能。修补过程中,可根据具体情况,其损伤部位可保留,也可切除掉。对于枪弹冲击造成的铝合金结构损伤,一般损伤区形状不规则或成锯齿状,为了避免因损伤区周边的裂纹或尖锐角造成大的应力集中,所以在实施修补之前,需把损伤部位切割成光滑圆孔或椭圆孔。对切除掉的部分一般用填料胶或成型好的填补块将孔填充。如图7-5所示,贴补法可单面修补,也可双面修补。

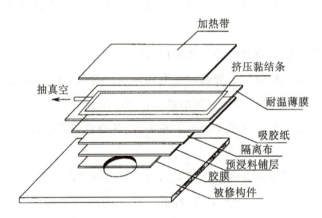

图7-5 胶接共固化贴补修复示意图

胶接贴补是指在结构损伤区粘贴胶膜和补片,补片可以是预先固化好的复合材料成型板,也可以是钛、铝、不锈钢等合金制作的金属板。其优点是补片制作容易,内部质量高(对复合材料补片而言),施工简单,但对于曲率较大的结构难以实施。这类修补形式类似于单面搭接接头,如图7-6所示,因此为了减少剥离应力和剪应力的集中,补片边缘楔形角度的设计至关重要,因此在胶接连接中,剥离应力和剪应力集中是造成连接破坏的主要原因。

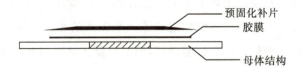

图7-6 胶接贴补示意图

2) 挖补法

挖补法适用于修补损伤面积较大、情况较严重的损伤。由于这种方法一般采用预浸料作为修补材料,因此对于修补曲率较大或有气动外形要求的表面具有一定的优势,而且可以以最小的增重量,最大限度地恢复结构的强度。修理过程首先对修理部位的损伤处进行打磨,去除多余的材料,然后用补片进行填充,通常采用阶梯或斜坡形状以增加受力面积。

3)其他修复方法

除了挖补和贴补方法之外,对某些的损伤形式要采取其他的修补方法,如对于金属构件的裂纹损伤或复合材料构件的分层、脱胶等损伤形式,一般采用注射树脂法;该方法需要设置注胶孔和出胶孔,钻孔深度需要达到缺陷深度。适用于孔边分层和结构边缘的分层、气泡脱胶等缺陷的修复。其工艺流程如下:①在缺陷处上下打孔;②从下方钻孔注胶直到上方钻孔胶溢出;③用胶带封住两个钻孔并加温;④待胶固化后去掉胶带,打磨平整。

对受载较小的蜂窝夹层板损伤则采取填充、灌注的方法以稳定表板和密封损伤区,防止湿气渗入及损伤进一步扩大。

2. 待修理金属件的表面处理

要保证胶接修复质量,充分发挥复合材料补片的承载作用,修复时必须保证金属的粘接表面与胶黏剂结合良好,保证被修补结构的部分载荷能够顺利传递到补片,从而有效改善受损部位的受力状况。损伤结构的表面处理状态很大程度上决定了修复后结构的强度。

1)表面处理的目的

(1)清洁被粘表面,提高胶黏剂对被粘表面的湿润性。

(2)粗化被粘表面,增加黏结面积。

(3)活化被粘表面,使惰性表面变活性表面。

(4)改变被粘表面的化学结构。

2)表面处理方法的原则

一般来说,选择表面处理方法一般需要遵循以下原则:

(1)在特定的环境下,表面处理必须可靠有效。

(2)应该避免使用有毒试剂。

(3)表面处理应该能够在室温或者接近室温的条件下进行。

(4)表面处理不得在被修复表面引入新的损伤。

(5)在实施过程中,不能出现电火花。

3)表面处理方法

金属的表面处理方法包括表面清洗法、机械处理法及化学处理法。表面清洗的目的是去除金属表面的灰尘和油垢,表面清洗包括汽油清洗、有机溶剂清洗、碱处理等。汽油清洗适用于要求不太高的胶接件或者油垢严重的胶接件的清洗。对于黏结面积小而且数量少的零件,一般采用丙酮、乙酸乙酯等有机溶剂清洗。对于大批量的小型胶接件,可在三氯乙烯蒸气槽中处理,但成本较高。碱处理适用大部件、大批量生产,成本较低。机械处理有利于表面洁净,并形成一定粗糙度。常用的机械处理方法有钳工刮削、刨削或用喷砂、砂布、砂轮打磨，以及钢丝刷粗锉等。喷砂处理分为干法喷砂和湿法喷砂。

飞机结构中应用最为广泛的金属材料是铝合金，铝是一种比较活泼的金属，与氧元素的亲和力较强，即使在干燥空气中也会很快在表面形成非晶氧化铝膜，在服役环境下由于吸附、溶解、化学反应等因素导致该氧化层增厚，表面极性降低，黏结性降低，因此针对铝合金进行修复前必须将该氧化层除去，避免在黏结力很弱的氧化层上粘接。

铝合金表面处理的方法有很多，但外场的操作条件大都不能满足常规处理方法的要求。因此必须对这些已经成熟的方法进行改进。常用的净化铝合金表面的方法有溶剂清洗、蒸汽脱脂等。外场常用的铝合金表面处理方法有无槽化学氧化法及涂硅烷偶联剂法等，无槽化学氧化法在外场实施时会受缝隙、裂纹损伤等结构形式的限制，易产生二次污染和新的应力腐蚀开裂。磷酸阳极化能够在铝合金表面形成一层均匀、致密的氧化物薄膜，且环境友好、毒性小、成本低、工艺参数易控制、能有效提高黏结性和耐久性、处理速度较快，是一种比较理想的表面处理方法。

典型的磷酸阳极化处理过程工艺步骤如下：

(1)将被修复表面用氧化铝砂纸进行打磨，首先用粗砂纸(推荐 240 目砂纸)进行粗磨，去除氧化层；再用更细的砂纸(推荐 400 目砂纸)进行打磨，以使得表面光滑；最后用细砂纸(推荐 600 目砂纸)进行细磨，使得铝合金表面光洁无划痕。

(2)用干净的空气吹净表面的研磨颗粒，再用丙酮冲洗。

(3)在 NaOH 溶液中进行浸泡(一般浸泡时间为 15 min 左右)，取出后在清水中清洗，然后在稀硫酸溶液中浸泡(一般为 10 min 左右)，取出后用清水连续清洗，直至表面能够形成连续水膜(无水珠)，并能保持至少 30 s 以上。

(4)在磷酸电解质溶液中进行阳极化处理，阳极化处理的典型条件：10%的磷酸，槽液温度 25 ℃，极间电压 10 V，阳极化时间 20 min；阳极化后立即将试样用自来水进行冲洗 5 min，在 60~70 ℃下进行烘干。

通过该过程被修复铝合金表面生成多孔状的 Al_2O_3 铝膜，该膜与基体铝的结合力相对于普通的酸洗、碱洗过程形成的氧化膜要强，且膜层内聚力强，本身不容易破坏，同时具有较高的表面吸附性能，对胶黏剂的浸润性好，能有效提高胶接的抗剥离和抗剪切强度。

目前由于设备的原因，传统的磷酸阳极化鲜见外场实施，因为磷酸阳极化需要修复表面浸入电解液槽，但是飞机作为大型设备，待修补部位往往不可能入槽，几乎不可能进行阳极化表面处理，而简单的机械打磨虽然可以使得原来的自然氧化膜得到一定的改善，但是其效果不能满足要求。国内中航工业特种飞行设计研究所优化了阳极化处理工艺，实现了非入槽式的原位磷酸阳极化工艺，能够应用于外场操作。

一般情况下，在外场中，对结构复杂或不易实施操作的结构件不适合使用化学方法进行表面处理,可以采用偶联剂对被粘表面进行处理,它是强化黏结强度的一种有效方法,其处理方法简单、操作方便、安全、用量少、效果明显,并能够显著提高黏结强度和耐热性等,因此适于外场操作。偶联剂分子中的部分官能团与胶黏剂(环氧树脂)形成化学键,使得被修理表面和胶黏剂这两类性质差别较大的材料以化学键桥"偶联"起来,从而使胶接结构的耐久性增加,达到强化胶接的效果,但是偶联剂也不宜使用过多,否则会使整个胶层的耐热性下降。常用的偶联剂是各类硅氧烷,除此之外还包括铬的络合物、磷酸酯、有机酸类及有机胺类。如果修补过程中确定使用偶联剂,则需要首先用砂纸打磨去除原有的损伤(包括腐蚀损伤),然后用细白砂进行"吹砂"操作(10 min 左右),可以改变待胶接表面的微观结构,吹后 1 h 内刷涂偶联剂(如硅烷偶联剂),连续不停刷涂一定时间(15 min 左右),再用吹发器干燥(一般 20 min 左右),然后进行铺贴补片的操作。

3. 复合材料修补补片的选择及准备

1) 复合材料补片的要求

(1) 在尽量低的实用温度下固化并能与胶黏剂的固化温度相匹配。

(2) 热膨胀系数应该与被修补的母材热膨胀系数相匹配,保证修补后不会产生大的热残余应力,并且补片理化性能受温度的影响要尽可能小。

(3) 补片强度和刚度要与被修母板相匹配,避免产生新的应力集中。

2) 复合材料补片的选择

补片材料体系的选择是复合材料胶接修复中的另一关键技术。迄今为止,国外大多数研究者采用硼/环氧树脂复合材料补片对损伤金属构件进行胶接修补,因为硼/环氧复合材料强度高,刚性好,热膨胀系数相对较高,与金属材料的热匹配性能好,有利于降低胶接修补结构中的残余热应力。另外,硼/环氧树脂复合材料导电性低,便于使用涡流无损检测,与金属接触后,抗电化学腐蚀性能好。但硼纤维成本较高,加工较困难。因此,国内一般都选用碳/环氧及玻璃/环氧补片材料对金属构件实施修补,碳/环氧及玻璃/环氧补片材料适合于复杂结构的修补,并且可制成曲率半径较大的零部件,但其强度和刚度不如硼/环氧复合材料,而且与金属接触易发生电化学腐蚀;而芳纶纤维与碳纤维混合使用,通过层间混合,制成以碳纤维为主的混杂复合材料,可提高冲击韧性、刚度和压缩强度。除此之外,近年来采用碳/聚酰亚胺复合材料的修复技术也获得了成功,这项修复技术的关键是降低了成型过程的压力要求,包括改变化学成分,形成了高流动性、热稳定的聚合物体系。补片材料体系的选择还包括对固化剂的选择。一般根据修复环境、使用温度及固化压力条件选择适合的固化剂,如对于航空结构材料的永久性修复,一般选用中温或高温固化剂,而对于外场的临时性修复一般选用具有较低温度、压力的固化剂,但是因外场缺乏材料的低温存储设备,决定了由选用的固化剂制备出的预浸料必须在常温下具有相对较长的适用期。在复合材料胶接修复中,复合材料补片一般先制成预浸料的形式进行保存。预浸料性能直接影响复合材料补片的性能,从而影响修复效果。

3)复合材料补片的设计

(1)补片形状设计。确定补片的形状时应充分考虑损伤结构的具体特点,并注意不要使补片的形状太特殊。当补片的形状发生变化时,要有足够的圆角半径过渡。通常情况下,补片常加工成长方形、圆形或椭圆形。长方形补片的加工比较方便,但结构修补后的受力没有圆形或椭圆形补片好。另外,在飞机结构的外表面进行胶接修补时,一般将补片的四周做成斜削的形状,使连接处截面的变化比较缓和,从而降低胶接端头胶层内的剥离应力和最大剪切应力。

(2)补片尺寸设计。理论计算和试验结果都表明:当裂纹长度恒定时,如增加补片的宽度,则可以提高结构的静强度和疲劳寿命;而增加补片的长度,反而会降低结构的静强度和疲劳寿命。增加补片的厚度,可以提高结构的修补效果,但胶层内的最大剪切应力也随之提高,为了避免胶层发生脱胶,补片厚度的增加也有一上限值。

(3)补片铺层设计。为了获得最佳的胶接修补效果,复合材料补片的纤维方向(主轴方向)应尽量同损伤结构中的最大受力方向保持一致;同时,层与层之间应避免出现过大的剪切应力和剥离应力。

4)两种常用的复合材料补片的制备

(1)硼纤维/环氧树脂补片制备。硼/环氧复合材料预浸料的树脂用量按照纤维体积含量为60%进行配制,树脂体系与丙酮的质量比为1∶1.2,在计算机控制缠绕机上制备硼/环氧复合材料预浸料。制备时采用单纤维缠绕,滚筒直径为500 mm,纤维间距为0.16 mm,预浸料缠绕完毕后,将预浸料从缠绕机上卸下,于干燥、洁净处静置3 h以上,使其中的丙酮充分挥发。待丙酮挥发完全后,将预浸料整理、裁剪。并按要求进行铺层,铺层时应保证预浸料中无气泡、空隙,纤维走向均匀、平齐。铺层完毕就可合模加热固化,当压机温度从固化温度降至室温后,脱模,检查层合板表观质量,如纤维平齐、未出现贫胶富胶等现象即为合格品。

(2)碳纤维/环氧树脂补片制备。碳纤维选用日本东丽公司生产的 T300(3k),小丝束碳纤维便于实施胶接修复。选择三氟化硼单乙胺为固化剂主要基于以下考虑:用量少,加工性好;环氧固化产物的力学性能及耐高温性能优异,与纤维相容性好。按照碳纤维复合材料板纤维体积含量为60%,滚筒直径为1 m,走纱间距为1 mm,预浸料宽度为360 mm,对预浸料进行设计。其中,胶液中各组分用量:环氧树脂 CYD-128 为130 g,三氟化硼单乙胺为3.9 g,丙酮为240 g,两束碳纤维同时缠制。

预浸料缠制完毕后,将预浸料从缠绕机上卸下,于干燥、洁净处静置48 h以上,将其中的丙酮挥发完全。待丙酮挥发完全后,将预浸料裁剪并铺层。铺层时应保证预浸料中无气泡、空隙,纤维走向均匀、竖直。铺层完毕后,就可以合模加热固化。当压机温度从180 ℃降至室温后,即可脱模。制得的碳/环氧复合材料板尺寸精确、厚度均匀、表观质量好。将复合材料板按尺寸锯好后(长度方向为纤维方向),用320目砂纸打磨四边及两表面,把毛刺和表面的脱模蜡去除。去除后,用棉布清洁表面,再用脱脂棉蘸取适量丙酮擦洗补片表面,直至棉球不再明显发黑。将补片放入烘箱中于 50 ℃保温 1 h,随炉冷却后,放入干燥器中待用。

4. 胶黏剂的选用

1) 金属结构件胶接修复对胶黏剂的要求

胶黏剂系统的基本要求主要有以下几点:一是要有经受住飞机在使用中遇到温度、应力、化学环境条件等变化的能力;二是在使用条件下胶系要有满意的载荷传递特性;三是在剪切和剥离应力作用下,胶黏剂应有较好的抗疲劳性能,应具有较好的抵抗应力松弛的能力;四是胶黏剂的系统要具有高的疲劳特性且其固化温度要低。这种基本特性在外场修补中都是很重要的。这是因为在外场条件下,在一个大的待修补结构上要实现局部高温是困难的,而且高温下也会产生残余应力、热应力和铝合金的金相变化。在试验中发现,有些胶黏剂虽然可以在接近常温的条件下固化,但是其他性能和使用温度范围不能满足飞机结构修补的要求;而有满意的使用性能和较宽的使用温度范围的胶黏剂体系固化温度却较高。另外,胶黏剂是实现补片止裂作用的中间媒介,因此,对胶黏剂的选择至关重要。复合材料胶接的修补效果,在很大程度上取决于胶黏剂的性能,应根据结构的实际承力水平和使用环境选择既具有良好的抗疲劳性能,又具有较高的剪切、剥离强度,良好的耐介质和耐湿热老化性能的胶黏剂。

任何一种胶黏剂都不可能在所有方面都达到理想状态,实际应用时,一般根据需要通过试验对现有胶黏剂系统进行改性。应该注意的是,所选择胶黏剂的固化温度应与复合材料补片材料的固化温度相匹配,热膨胀系数应与母体材料的相匹配。

2) 常用的胶黏剂体系

目前,复合材料胶接修补所用的胶黏剂主要有两大类,一类是双组分胶黏剂,如 SY-23B、J-48 等;另一类是膜状胶黏剂(胶膜),用于热胶接固化修补。国外在复合材料补片胶接修补中采用的胶黏剂多属于丁腈改性环氧树脂体系,如 AF130、FM-73M、FM300-2、AF126 等。这类胶黏剂具有很高的韧性和剪切强度,较高的剥离强度,一般在 100~120 ℃、100~300 kPa 固化,属于中温固化体系,国内也有类似的胶黏剂,如 J-42、J-47 和 J-159 等。

5. 加温加压

胶接修补中采用的胶黏剂一般是热固性的环氧树脂,其固化过程必须在一定的温度下完成。可以采用的加热方法有很多,如电吹风加热法、红外加热法、高频电加热法、电子束加热法等。由于金属件导热速度较快,尤其是在外场环境下在一个大尺寸飞机结构上进行局部损伤修复时,控制良好的固化温度并保持恒定的温度场是保证修复效果的关键和难点。固化时,要随时监控修复区域温度分布以保证复合材料补片和损伤母板之间能够实现均匀的连接。为了对修补区提供连续的温度保证,需要通过专用修补设备(如热补仪)、配套材料及特配设备来完成。胶黏剂在固化过程中需要施加一定的压力,促进胶黏剂小的流动、浸润、渗透和扩散,保证胶层和被粘物接触紧密,防止气孔、空洞的产生,使得胶层厚度分布均匀。固化加压的方法很多,如真空袋加压、气囊加压等,需要根据情况进行合理选择。

真空袋加热加压修复工艺相对简单，应用较广，而且较容易控制温度。在加热之前需要先抽真空检查真空袋的密封是否完好，如有漏气现象应立即停止操作排除故障。当真空度达到 −0.08 MPa 以上时，才能开始加温固化。在整个固化过程中需要监控压力和温度信息，固化结束后，必须待温度降低到一定温度以下时（如 50 ℃）才能够卸载真空压力。真空袋加热加压工艺包括真空袋封装和固化两个程序。

任务实施

1. 复合材料胶接修复金属结构的施工流程

金属结构件损伤的复合材料补片修理工艺实施首先是通过目视检测及无损检测方法确定损伤范围，并用记号笔标定修补区域，接着对损伤部位进行表面处理，然后准备复合材料补片材料、胶黏剂及相关辅助材料，按设计要求铺放补片及胶膜并逐层压实，然后封装真空袋，安装加热单元进行固化，而后进行整修处理，最后进行胶接修理质量检测。整个修理工艺流程如图 7-7 所示。

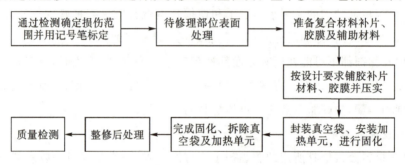

图 7-7　复合材料补片胶接修理工艺流程图

1）确定损伤范围

通过目视检测、敲击检测及超声检测等无损检测确定金属构件的损伤程度及损伤范围，损伤确定后，在金属构件上用记号笔进行标记，便于后期准确进行补片贴补修理。

2）被修理结构表面处理

为了获得良好的修理表面，必须在复合材料补片修理前进行表面处理。表面处理包括表面的脱脂清洁、表面打磨、表面化学处理等。

①表面清洁。用两块干净的脱脂棉布或专用擦拭纸，沾上脱脂溶剂，两块布相同方向前后跟随，从一边擦向另一边，切忌反复用一块布擦或打圈擦。脱脂溶剂可以选择乙酸乙酯、丙酮、甲乙酮等，脱脂溶剂用量不能过大，并应尽量不含水分，最好是化学试剂级。

②表面打磨。为了获得一定的表面粗糙度，要对待修理部位进行打磨，一般用湿砂纸进行打磨，最后用清洁擦布蘸取蒸馏水去除打磨残留物。

③化学处理。对于修理要求比较高的表面或者特殊材料，表面在脱脂和打磨后还需要进行化学处理。化学处理包括重铬酸钠-浓硫酸浸蚀法、FPL 酸洗法、磷酸阳极化等方法，化学处理

中需要注意的是化学处理液的配方、化学处理的时间和温度。铝合金采用磷酸阳极化处理。

3）补片材料的选择及设计

补片形状的最佳选择依次是多边形、长方形、椭圆形、方形及圆形。一般常用的是长方形、椭圆形及圆形，补片应尽量长一点，且四周可以做成斜削的形状，从而降低应力，提高胶接强度。增加补片的厚度，可以提高结构的修理效果，但胶层内的最大剪切应力也随之提高，为了避免胶层发生脱胶，补片厚度要保持一定值，补片的纤维方向应尽量同损伤修补结构中的最大受力方向保持一致。

4）胶黏剂的选择及准备

金属结构件的复合材料补片修理工艺的成功与否，媒介胶黏剂起到了至关重要的作用。为了获得良好的胶接效果，应该选择剪切强度和剥离强度均较高、耐腐蚀、耐老化及抗冲击的结构胶黏剂，一般要求胶黏剂应与复合材料补片的固化温度相匹配。胶黏剂一般采用胶膜形式，目前常用的有改性环氧胶（FM-73、AF-126、J-150、J-47）、酚醛-丁腈（J-147）等。对于液体胶黏剂要进行配方配制，对于胶膜要按修补尺寸及形状要求进行裁剪。

5）铺放补片材料及胶膜

首先根据修补部位的要求进行下料即对于补片及胶膜进行裁剪，接着在待修理部位均匀贴敷合适的胶膜，将手工剪裁的复合材料预浸料补片铺放在胶层区，其余复合材料预浸料补片按铺层设计要求铺贴，每铺贴2~3层预浸料补片，采用电熨斗控制适当温度挤压铺层，赶走层与层之间的气泡，而后再铺设一层玻璃纤维预浸料作为加强层，在最外层再铺一层胶膜。

6）真空袋封装

复合材料补片铺层完毕后，进行真空袋封装并放置加热元件准备固化。修理区铺设有孔隔离膜、热电偶、吸胶层、无孔分离膜、电热毯、表面透气布、真空袋，同时安装抽真空吸气管完成封装。

7）固化

固化制度包括固化的温度、时间及压力。根据预浸料补片及胶黏剂的固化要求设计合理的固化制度。为了消除高温固化过程中预浸料和胶黏剂可能出现的暴聚现象，一般采用阶梯式固化。

8）整修处理

完成固化后，拆除真空袋及加热元件，对修理区边缘进行打磨修整，并完成喷漆等后处理工作。

2. 金属黏结结构小损伤的修理

1）金属黏结结构小损伤类型

金属黏结结构小损伤包括凹坑、刻痕、擦伤、裂纹及蜂窝面板一面有小穿孔。

2）金属黏结结构小损伤的要求

小损伤的长度或直径要小于或等于50 mm，如果同一修理区域使用了多块修理加强板，要求每两块修理加强板的边缘要间隔至少50 mm。

3）金属粘接小损伤的修理工序

(1)清理修理区域。

(2)准备加强板并检查加强板的配合性。

(3)表面处理待修理区域和加强板表面。

(4)应用黏结底漆。

(5)应用胶或胶膜。

(6)定位加强板。

(7)使用固化胶或胶膜。

(8)检查粘接质量。

(9)清洁、密封和喷漆。

3. 金属黏结结构大损伤的修理

金属黏结结构大损伤包括超出修理容限的凹坑修理、裂纹修理、孔洞修理、蒙皮穿透损伤修理和脱胶修理。大损伤主要指金属蒙皮-蜂窝芯的大孔洞和贯穿孔。

单侧加衬贴补修理方法切除部件的损伤部分,更换已损坏的蜂窝夹层,并安装衬片和补片。适用于直径为 20~40 mm 单面孔的修理。

单侧加衬贴补修理工艺步骤有以下步骤:

(1)用砂纸打磨损伤区(打磨直径=补片直径+20 mm,补片直径=损伤直径+蒙皮厚度×60)。

(2)用切割刀切除蒙皮和蜂窝的损伤部分(切割部分的直径等于损伤直径)。

(3)用吸尘器吸出碎屑。

(4)用小刀等工具制作衬片、补片和蜂窝夹层的补洞塞块。

(5)先用石油溶剂,然后用丙酮清洗补片、衬片和塞块上待涂胶表面的油脂等污物并晾干。用石油溶剂后晾干 15 min 以上,用丙酮后晾干 20 min 以上。

(6)将衬片涂上 BKB-9 胶塞入洞内,再将补洞塞块的侧面和下底部表面涂好 BKB-9 胶后插入修理区,并加压保持 24 h。

(7)用带铣刀的手提抛光机抛光蜂窝充填物(补洞塞块),使之与周围部件平齐。

(8)用胶带保护损伤边缘处的蒙皮。

(9)用吸尘器清除碎屑。

(10)给补片和蒙皮待粘接的表面涂一层 BK-9 胶,厚度为 0.2~0.3 mm。

(11)将补片贴在待粘接蒙皮表面,加压 0.5~0.8 kg/cm,加温 18~35 ℃,保持 9~10 h。

(12)卸去压力,用小刀或锋利的铝合金刮板除去多余的胶,再恢复加温加压,时间从开始粘接算起保持 24 h。

(13)恢复油漆层。

双侧贴补修理工艺有以下步骤:

(1)打磨缺陷区。

(2) 用切割铣刀切去损伤部分。

(3) 用吸尘器清除碎屑。

(4) 制作塞块,要求其尺寸比切除的损伤蜂窝尺寸的直径大 5 mm,厚 5～10 mm。

(5) 先用石油溶剂,再用丙酮清除蜂窝夹层待粘贴表面上油脂等污物,敞开晾干。用完石油溶剂后晾干 15 min 以上,用丙酮后晾干 20 min 以上。

(6) 将 BKB-9 胶涂在蜂窝夹层材料制成的补洞塞块的圆柱形表面上。

(7) 将涂好 BKB-9 胶的塞块放入修理区,并在待粘贴的部分按规定加力。

(8) 用带有铣刀的手提式气动机使蜂窝夹层塞块与部件的表面保持平齐,用压缩空气吹除碎屑,此时不应对部件造成多余的压力。

(9) 制作补片。

(10) 按规定要求从两侧同时粘贴补片。

(11) 恢复油漆层。

任务 22　飞机其他非金属件的修理

任务描述

飞机塑料零件和橡胶零件的损伤的修理包括确定损伤、表面处理、修复件准备、涂胶、固化、后处理等工序。

知识链接

22.1　飞机上的塑料件

飞机上的塑料件在电气部件、内饰件、结构件及透明件方面均有应用。飞机上常用的塑料有聚酰胺、聚碳酸酯、聚甲醛、聚砜、聚芳醚酮等。聚碳酸酯、聚甲醛和聚酰胺等用于制造飞机电气导管、调整器、连接器、各种开关等电器零部件。聚碳酸酯主要应用在窗框、书报架、废物箱、座椅、旅客服务设施、小桌板、地毯镶边等;聚酰胺主要应用在座椅靠背、弹性坐垫、壁板、手提筐等;聚砜可用于飞机上的热空气导管和窗框;聚芳醚酮可用于制造飞机发动机的各种零件;聚酰胺和聚甲醛可用于制造飞机上使用的各种滑轮、凸轮、挡圈、齿轮等;玻纤增强聚酰胺塑料用于制造喷气发动机机尾喷管和雨鳞片等;聚碳酸酯主要用于飞机风挡、座舱盖、机头罩、形状各异的舷窗、透明隔板、机内的仪表面板、旅客采光灯罩和各种飞机的航行灯、灯罩等透明部件。

飞机塑料件修理工序包括确定损伤、塑料件表面处理、准备修复材料、修复过程及修理质量检测这五个方面。

1. 确定损伤

通过目视检测、敲击检测、超声、射线、渗透等无损检测方法确定塑料件的损伤情况。常常利用目视检测和敲击检测，初步判断塑料件表面的损伤的大致位置和基本情况，然后再利用超声和射线等无损检测进一步确定塑料件表面损伤的具体情况。常见的损伤如分层、脱胶、裂纹、凹坑等。

2. 塑料件表面处理

表面处理包括脱脂除油、机械打磨、化学处理及偶联剂处理四个方面。

(1) 脱脂除油：采用脱脂溶剂除去待修理表面的油渍、灰尘等其他污渍。

(2) 机械打磨：一般采用砂纸等打磨工具或喷砂处理。

(3) 化学处理：利用化学试剂进行处理。

(4) 偶联剂处理。

3. 准备修复材料

修复材料的准备包括胶黏剂和无碱无蜡玻璃纤维布的准备。一般按照工艺要求，选择合适的胶黏剂，根据选择的胶黏剂的原料进行配制。对玻璃纤维布表面进行处理以除去浸润剂，提高后续粘接修理的界面间的黏结力。

4. 粘接修复

在完成表面处理及修复材料准备后，在待修理区域，铺放预先浸渍了树脂胶液的玻璃纤维布，一般为3～5层，每铺一层，要用辊子压实，防止进入气泡。根据胶黏剂及固化剂选择合理的固化参数，如固化温度、固化时间、固化压力，为了达到更好的效果，多采用阶梯式固化。固化后进行修整。

5. 质量检测

塑料件修理工艺完成后，采用合适的检测方法，对于塑料件的修复效果进行检测，以确保获得良好的修理效果。

22.2 飞机上的橡胶件

飞机上常用的橡胶有丁苯橡胶、氯丁橡胶、丁腈橡胶、聚硫橡胶、硅橡胶。橡胶遍布于飞机的各个系统，其中包括飞机救生防护系统的氧气面罩、输氧波纹管和控压膜片及橡胶织物制成抗荷服、代偿服、救生艇；机电系统的液压泵、电磁阀，管线紧箍件、蓄压器胶囊；环境控制系统的引气胶管、座舱气密胶带、敏感薄膜；机轮刹车系统的轮胎、胶管；燃油系统的输油胶管、橡胶软油箱、机翼和机身整体油箱；惯导系统仪表减振垫、直升机旋翼系统的弹性轴承和阻尼器；舱门、舷窗等外露系统使用的密封型材等。

飞机橡胶件修理工序包括确定损伤、表面处理、准备修复材料、修复过程及修理质量检测这五个步骤。

1. 确定损伤

通过目视检测、敲击检测、超声、射线、渗透等无损检测方法确定塑料件的损伤的情况,常见的损伤有裂纹、磨损、擦伤、穿孔等。

2. 表面处理

表面处理包括脱脂除油、机械打磨、化学处理及偶联剂处理等方法。采用脱脂溶剂除去待修理表面的油渍、灰尘等其他污渍;机械打磨一般采用砂纸等打磨工具或喷砂处理;利用化学试剂对表面进行处理来获得良好的表面;采用 KH-550、KH-560 等偶联剂对表面进行处理。

3. 准备修复材料

按照要求,选择合适的胶黏剂;准备修理补片(封严条修理件或薄纱补片)。

4. 修复过程

首先对于待修理部位,进行表面处理;接着准备修复材料;而后在待修理部位涂黏结剂及在待修理区域,铺放预先准备好的修理补片;接着完成固化和修整等后续步骤。

5. 质量检测

在完成整个修复过程后,采用合适的检测方法,对于橡胶件的修复效果进行检测,以确保获得良好的修理效果。

任务实施

1. 飞机塑料内饰件的修理

飞机塑料内饰件凹坑、划伤的修理步骤如下:

(1)使用无水酒精及不起毛擦拭布对喷漆面进行清洁。

(2)用 180 目的砂纸对损伤区域进行粗略打磨。

(3)使用增塑剂类溶剂或无水乙醇等对塑料装饰件表面进行清洁。

(4)按照厂家说明混合聚酯树脂和催化剂,并搅拌均匀。

(5)将混合后的聚酯树脂填充到凹坑或划伤区域。

(6)用刮板或鸭舌片将树脂刮平整。

(7)待填充胶固化后,使用 320 目砂纸进行打磨。

(8)对于不平整和凹坑区域,重新进行补胶。

(9)表面的平整度通过多次填充打磨获得。

(10)对于表面的纹理效果,可以通过使用硬毛刷来反复实验获得。

(11)通过喷漆工艺步骤,对装饰件进行喷涂底漆和面漆。

飞机内饰件裂纹或断裂的修理步骤如下:

(1)使用无水酒精及不起毛擦拭布对喷漆面进行清洁。

(2)在装饰件的裂纹末端钻 1.6 mm 的止裂孔,防止裂纹的扩散。

(3)将裂缝修整成大约同材料厚度的缝隙。

(4)用 220 目的砂纸对裂缝区域进行打磨,打磨区域大于破损区域 25 mm 以上。

(5)使用增塑剂类溶剂或无水乙醇等对塑料装饰件表面进行清洁。

(6)按照厂家说明混合树脂和硬化剂,并搅拌均匀。

(7)将混合后的树脂填充到裂缝中。

(8)待树脂变硬后,在修理区域均匀刷涂树脂。

(9)在树脂上铺设玻璃纤维布,纤维布要大于破损区域 12.5 mm 以上。

(10)刮除纤维布下方的气泡,并去除多余的树脂。

(11)重复上述步骤进行多次铺层,但纤维布尺寸要比下一层大 12.5 mm 以上。

(12)在室温下固化 24 h 以上,若想缩短固化时间可将温度调节至 50 ℃左右。

(13)用砂纸 320~400 目砂纸打磨铺层区域,使装饰板表面光滑并恢复原始外形。

(14)通过喷漆工艺步骤,对装饰件进行喷涂底漆和面漆。

2. 飞机橡胶件的修理

飞机橡胶件擦伤的修理步骤如下:

(1)用细砂纸打磨擦伤区域并清洁。

(2)擦伤区域涂一层硅胶。

飞机橡胶件小切口和穿孔的修理步骤如下:

(1)切口两末端钻直径 2 mm 止裂孔。

(2)用细砂纸打磨修理区域并清洁。

(3)根据修理的面积尺寸,裁剪一块薄纱补片。

(4)涂一层硅胶在修理区域并填充止裂孔。

(5)将薄纱补片贴合在修理区域并加压固化 24 h。

(6)用细砂纸打磨修理表面。

飞机橡胶件严重损伤的修理步骤如下:

(1)去除损伤部分。

(2)根据去除部分的长度制作更换件。

(3)去除原无损伤部件并更换件距离端口 25 mm 的最外一层薄纱。

(4)用细砂纸打磨修理区域并清洁。

(5)在原部件和更换件端口涂上硅胶,并把更换件与原部件对接并保持住让硅胶固化几分钟。

(6)根据修理面积尺寸,裁剪一块薄纱补片。

(7)涂一层硅胶在修理区域。

(8)修理区域一周缠绕薄纱补片并加压固化 24 h。

(9)用细砂纸打磨修理表面。

项目拓展

采用复合材料补片胶接修补技术,与传统的机械修补方法(铆接、焊接或螺接)相比,具有明显的优点:①结构增重小。由于复合材料的比强度、比刚度较高,因此,要达到同样的修补效果,复合材料补片的厚度较小,一般同样大小的损伤,所需复合材料补强板的厚度仅为相应铝合金板厚度的 1/3~1/2。②复合材料本身具有可设计性。可以根据损伤结构的具体受力特点,采用改变补片铺层含量的方法达到最佳受力状态,最大限度地发挥复合材料的优势,降低修补结构的重量。③修补时间短,成本低。采用复合材料补片胶接修补技术的一个显著优点是可以大大缩短修补时间和降低修补成本。④修补效率高。在复合材料补片胶接修补过程中,一般不需要对原结构开孔,因此不会形成新的应力集中源,有利于提高结构的抗疲劳性能和损伤容限性能。⑤成形性能好。可以通过二次共固化技术改变复合材料补片的表面形状,对于复杂曲面,采用复合材料补片胶接共固化修补技术进行原位修补,修补后补片与母体能紧密贴合,具有保持原有结构形状和光滑气动外形的能力。⑥所需设备简单且无损探伤容易。由于硼/环氧复合材料不导电,采用涡流探伤方法可以有效地探测出补片下裂纹等损伤的扩展情况,外场使用也很方便。外场修补所需设备简单,主要有修补工具包、修补仪等。

复合材料补片胶接修复技术也存在一些不足之处:①现场修复温度场较难控制。胶接修复通常需要热源和压力源,以保证胶黏剂在一定的温度和压力条件下胶接固化,获得好的修复效果。由于金属结构传热快,较难在修复区域保持一个局部的恒定温度场,给现场使用带来困难。②修复结构存在残余热应力。复合材料补片与金属结构件的热膨胀系数相差较大,在高温固化后冷却到室温时,单面修复结构中将产生残余热应力,这种残余热应力会对修复效果产生不利影响。③采用碳/环氧补片胶接修复铝合金结构时,两者之间易发生电化学反应,应采取有效的防范措施。④在补片设计方面,缺乏足够的实验数据,尤其是在疲劳载荷作用下的实验数据很少。⑤补片增强材料如碳纤维和硼纤维等,受国产性能低和批量生产困难及国外进口困难和价格昂贵等限制,来源较困难。

巩固练习

1. 飞机防静电层的类型有哪些?
2. 描述火焰喷涂铝涂层的永久性修理工序。
3. 铜网修理的步骤是什么?
4. 镀铝玻璃纤维层的修理步骤是怎样的?
5. 铝箔的修理步骤是什么?
6. 复合材料胶接修复含损伤金属结构的施工流程是什么?
7. 铝合金的磷酸阳极化处理方法的工序是怎样的?
8. 什么是塑料?飞机的塑料零构件有哪些?
9. 飞机的塑料零构件裂纹的修理工序是怎样的?
10. 什么是橡胶?飞机的橡胶零构件有哪些?
11. 飞机橡胶零构件的修理工序是怎么样的?

参考文献

[1] 刘国春,郭荣辉,秦文峰.民用飞机复合材料结构制造与维修[M].北京:清华大学出版社,2020.

[2] 陈祥宝.复合材料结构损伤修理[M].北京:化学工业出版社,2001.

[3] 陈绍杰.复合材料结构修理指南[M].北京:航空工业出版社,2001.

[4] 虞浩清,刘爱平.飞机复合材料结构修理[M].北京:中国民航出版社,2010.

[5] 徐竹.复合材料成型工艺及应用[M].北京:国防工业出版社,2017.

[6] 顾海健.飞机结构修理手册编制研究[J].航空维修与工程,2012(3):4.

[7] 杨凤霞,许磊.无损检测技术及应用[M].北京:机械工业出版社,2014.

[8] 沈建中,林俊明.现代复合材料的无损检测技术[M].北京:国防工业出版社,2016.

[9] 刘松平,刘菲菲.先进复合材料的无损检测技术[M].北京:航空工业出版社,2017.

[10] 郑世才.射线检测[M].北京:机械工业出版社,2004.

[11] 贠明凯,刘力,数字实时成像(DR)与X射线胶片成像对比分析[J].CT理论与应用研究,2005,14(3):13-17.

[12] 荆峰.X射线实时成像系统的应用[J].无损检测,2004,26(6):318-320.

[13] 马海全,李蓓,何有都,等.CR技术与胶片射线照相技术检测能力对比[J].无损检测,2015,37(12):38-40.

[14] 李家伟,陈积懋.无损检测手册[M].北京:机械工业出版社,2002.

[15] 蔡兰,陈祯,王亮.复合材料的射线检测[J].国外建材科技,2005,26(2):498.

[16] 李俊杰,韩焱,王黎明.复合材料X射线检测方法研究[J].弹箭与制导学报,2008,28(2):215-217.

[17] 郑世才.射线照相检验基本技术[J].无损检测,2000,22(2):84-88.

[18] 郑世才,王晓勇.数字射线检测技术[M].2版,北京:机械工业出版社,2015.

[19] 刘艳.X射线实时成像系统的发展[J].机械管理开发,2006,2(2):7-8.

[20] 王迅,金万平,张存林.红外热波无损检测技术及其进展[J].无损检测,2004,26(10):497-500.

[21] 程功.浅谈航空复合材料无损检测技术及其进展[J].航空制造技术,2010(6):40-42.